U0747453

微情绪心理学

马盛楠 ◎ 编著

中国纺织出版社

内 容 提 要

只有懂得识别自己内心的情绪变化，才能更好地主宰自己的情绪，不为外界所控制；也只有懂得识破他人的真实情绪，才有可能掌握人际交往中的主动权。

本书从心理学角度，对如何掌控情绪的问题进行了详细的讲述，涉及的大量具体事例，生动而又贴合实际，使读者能够认知自己的情绪，运用控制情绪的技巧，消除负面心态，积极乐观地生活，从而获得充满阳光的人生。

图书在版编目（CIP）数据

微情绪心理学／马盛楠编著.－－北京：中国纺织出版社，2018.5

ISBN 978-7-5180-4943-1

Ⅰ.①微… Ⅱ.①马… Ⅲ.①情绪—心理学 Ⅳ.①B842.6

中国版本图书馆CIP数据核字（2018）第079710号

责任编辑：闫 星 特约编辑：李 杨 责任印制：储志伟

中国纺织出版社出版发行

地址：北京市朝阳区百子湾东里A407号楼 邮政编码：100124

销售电话：010—67004422 传真：010—87155801

http://www.c-textilep.com

E-mail：faxing@c-textilep.com

中国纺织出版社天猫旗舰店

官方微博http://weibo.com/2119887771

天津千鹤文化传播有限公司 各地新华书店经销

2018年5月第1版第1次印刷

开本：710×1000 1/16 印张：14

字数：226千字 定价：36.80元

　　曾有一位诗人这样写道："如果你脾气很坏，就会遭遇失败；如果你心情愉快，就会健康常在；如果你心境开朗，眼前就是一片明亮；如果你非常知足，就会感到无限幸福；如果你不计较名利，就会感到一切如意……"

　　在生活中，我们时时刻刻都被各种情绪包围着——有自己产生的情绪，也有来自他人的情绪。情绪可以直观地表达出人们内心的真实感受和想法，然而，在人与人的交往中，许多人都是喜怒不形于色，他们很善于伪装自己的情绪，我们很难摸清他们的"道行"。所以说，在与这些人来往的时候，我们无法准确把握他们的情绪，更不知如何表达自己的情绪，因此我们就很难控制好局面，掌握谈话的主动权。可见，不懂情绪心理学是无法达到交际目的的。

　　只有善于管理情绪的人，才能够正确了解自我、管理自我、激励自我，同时，也只有善于管理情绪的人，才能敏锐客观地察觉别人的所需，合理地处理与别人的关系，而家庭幸福、事业成功同样离不开管理情绪的能力。

　　积极的情绪对于一个人来说有着极大的促进作用。如果你的情绪足够积极，那么，在遇到困难时，你会说"我相信我能挺过去"；在人生迷茫时，你会说"这是人生必经的过程，沉淀一下，我一定能找到更准确的方向"；在被人诋毁时，你会说"事情总有大白的那一天，无需难过，也无需争执"；在遇到烦闷时，你会说"不要生气，气坏了自己的身体一切就完了"……你懂得安慰自己，懂得鼓励自己，懂得提升自己。这就是积极情绪的现实意义，它会让你变得更加积极乐观，更加魅力四射。

消极的情绪对于一个人的一生来说阻碍较大。如果你整日沉浸在消极情绪中，那么，即便是你的生活一切顺利，你也会觉得处处不顺心。你会因地铁里的一点拥挤和摩擦而暴跳如雷；你会因工作中的一点不顺心而甩手走人；你会因他人的一个眼神而紧张、自卑；你会因外面的不愉快而连累家人；你会因身处困境而郁郁寡欢……消极，让你走不出自己的内心，让你把点滴的挫折扩大成人生的不幸，让你的生活越发沉重。如果你还不想办法挣脱消极的枷锁，那你只会一直疲惫下去。

所以，我们必须要对情绪加以管理，要正视自己的坏情绪，把握好自己喜怒哀乐的度，主动寻找和发掘积极情绪，有效预防和调节消极情绪，快乐适度，哀伤有节，保持乐观，增强信心，减少愤怒，淡化仇恨，对人宽容……只有这样，才能让自己的情绪健康，让自己的生活幸福快乐。

本书就是本着让情绪为健康服务的原则，从实用的角度出发，让人们看清情绪的本质，了解情绪与健康的关系，学会掌控情绪，杜绝情绪中坏的一面，发扬好的一面，让情绪成为人们的帮手，为人们的健康和生活服务。同时，本书中列举了大量的案例，每一个案例都精心为读者传授改善情绪的心理技巧和秘诀，可以说实用性非常强。希望通过本书的阅读，大家能够掌握到更多的情绪心理知识，成为一名心理高手。

编著者

2018年2月

目 录

第 01 章

认识你的内心：最不能忽视的情绪心理

　　想要过上积极向上的生活，首先你就要学会去了解自己的情绪。另外，想要让人生更加精彩，你就必须学会不断调整、完善自己的情绪。心情的舒畅与豁达是自己创造的，美好的人生也是靠自己努力得到的。只有更好地读懂情绪，才能让人生的道路更加明亮，所以说，要想掌握命运，那么从现在开始就要不断学习完善自己的情绪。

认识情绪，掀开情绪的神秘盖头

涵涵这几天一直不太开心，她也不知道这是为什么。她静静地坐在沙发上，回想这几天发生的事情，想起同桌小明借了自己一本故事书，都三个月了还不还，自己催过一次，但是小明还是没有还。涵涵突然发现自己是为这件事生气。

可是涵涵又有点不愿意承认自己生气，因为这说明自己太小气，不就是一本故事书吗？但是自己确实很生气，这是事实，于是涵涵又对自己说："这种事再正常不过了，就算是生气也没什么丢人的，明天我就去跟小明说，我很生气，让他赶快还我的书。"

这时候，涵涵又想到："我现在是怎么回事？总是因为生活中的小事情而不开心，但是为什么周围很多人天天笑嘻嘻的无忧无虑的呢？情绪究竟是个什么东西，让人这么难以把握？"

此刻，涵涵静静地思考起来，她想慢慢了解自己的情绪，看明白什么是情绪。

生活中我们经常发出这样的感叹："今天实在是太开心了""真的是好紧张啊！""太可怕了，吓得我浑身哆嗦""我挺伤心的"……每个人都有自己的情绪，每天都在上演着不同的情绪。很多人知道自己是有情绪的：会高兴、会生气、会悲伤、会恐惧……然而却不知道自己为什么会产生这些情绪？情绪是从哪里来的？为何情绪会不断变化？有些人甚至不知道什么是情绪，情绪具体指什么？

在这里，我们可以翻翻身边的词典，看看词语中情绪的解释到底是什么。《牛津英语字典》：情绪是心灵、感觉或感情的激动或骚动，泛指任何激越或兴奋的心理状态。《EQ情商》：情绪是指感觉及其特有的思想、生理与心理的状态及相关的行为倾向。

其实，综合上面的定义，我们可以对情绪做一个这样的解释：

情绪是以个体的愿望和需要为中介的一种心理活动。当客观事物或情境符合主体的需要和愿望时，就能引起积极、肯定的情绪，如在生活中遇到知己会感到欣慰；当客观事物或情境不符合主体的愿望时，就会产生消极、否定的情绪，如没有拿到理想的奖金而黯然失落等。这就是情绪，无论你是否喜欢，它都与你绑在一起，伴随我们每个人的一生。情绪是客观事物是否符合人们需要、愿望和观点而产生的主观体验，也是对现实的反映，既体现了主体对客体的关系，也反映了主体对客体的态度和观点。

人们的情绪色彩缤纷，如同万花筒。情绪的种类复杂多样，而且它们之间又是交互错杂的，所以说情绪的种类仅用人类的语言是形容不完全的。因而，要对情绪进行一个精准的分类并不是那么简单。

我们的老祖宗把情绪分为七种，故有"七情六欲"之说，七情指的是喜、怒、忧、思、悲、恐、惊。美国心理学家普拉切克提出了八种基本情绪理论，即悲痛、恐惧、惊奇、接受、狂喜、狂怒、警惕、憎恨。一般而言，研究者比较认同人类具有四种基本情绪，即快乐、愤怒、恐惧和悲哀。

另一种现代颇具代表性的情绪分类法是以情绪状态即发生的强度、速度、持续时间和紧张度为依据，分为心境、激情和应激。

1. 心境

心境是一种比较微弱而持久的情绪状态，主要有两大特点：弥散性和长期性。心境的弥散性是指当人处在某种心境时，这种心境表现出的态度体验会朝向周围的一切事物。当你在课堂上被老师表扬，觉得心情愉快，于是你见到同学会兴高采烈，走在路上也会觉得神清气爽；而当心情郁闷时，你会情绪低落、无精打采，甚至见到五颜六色的花朵时都懒得多看一眼。古语有云，"忧者见之而忧，喜者见之而喜"，就是这种心境的弥散性的表现。

2. 激情

激情与心境相反，是一种短暂而猛烈的情绪状态。谈到激情，或许每个人都会回忆起自己的某次异常疯狂的经历，可能我们回忆更多的是欣喜若狂，但其实诸如悲痛欲绝、暴跳如雷、惊恐万状等也是猛烈的情绪体验。一般诱发激情的是重大事件的强烈刺激，如巨大的成功、严重的挫折、莫大的羞辱等。激情的主要特点为爆发性和冲动性。

3. 应激

应激是指在意外的紧急情况下所产生的适应性反应。当人面临危险或突发事件时，人的身心会处于高度紧张状态，从而引发一系列生理反应，如肌肉紧张、心率加快、呼吸变快、血压升高、血糖增高等。例如，当遭遇歹徒抢劫时，人就可能会产生上述的生理反应，从而积聚力量以进行反抗。但应激的状态不能维持过久，因为这样很消耗人的体力和心理能量。若长时间处于应激状态，可能导致适应性疾病的发生。

情绪伴随一个人的一生，对人们身心的影响力不可小觑，只有驾驭的了情绪，你才能成为命运的主人。

1. 情绪影响一个人的身心健康

心情愉悦，表示个人的精神、体力都达到了最佳状态，这个时候不仅在工作、生活上会觉得如鱼得水，而且还能化疾病为健康，从而让生命锦上添花。情绪低迷消极，不仅会觉得各种琐事、烦心事都向你涌来，不管做什么事情都不积极，使得身心更加消极抑郁，而且这些负面的情绪很可能会诱发各种疾病，你的健康就会亮起红灯。

2. 情绪影响一个人的生活效率

情绪能够影响一个人的精神状态，提高或降低一个人的学习和工作效率。同样一个人，在高兴、愉快、喜悦的情绪状态下的学习和工作效率，肯定要比他在忧愁、悲伤、痛苦的情绪状态下的学习和工作效率高得多。

3. 驾驭情绪，不做情绪的奴隶

情绪本是我们生命中的一部分，例如，我们的手脚、积累的经验和知识等都是为我们服务的。很多人成为情绪的奴隶，原因在于没有驾驭好情绪，使它臣服。然而这种情况是可以扭转的，当我们自身办不到时，可以借助外部力量，如知识、技巧等，帮助我们成为自己情绪的主人。

心理悄悄话

情绪影响生理健康，如果你情绪非常不好，那你的内脏及神经等将会出现一系列的反应。比如，很多人血压不稳定、心脏极易受刺激、精神容易恍惚等，其实，这些都跟情绪有很大的关系。所以说，当你烦躁不安或者伤心过度的时候，如果你感到身体不适，那你就应该警醒，试着调节一下自己的情绪。

关注情绪，就是关注你的成败

敏敏是个能干的姑娘，在公司人事部任职，工作认真负责。但她就是有个毛病，整天把"忙得要命""我快崩溃了""烦死人了"等口头禅挂在嘴边，时间长了就未免招人"不痛快"。

那次，敏敏刚把王主任送走，正认真地做表格，财务部的小林来取资料。敏敏不得不停下手中的工作想资料的存放处。随后她咣地打开抽屉，还嘟噜着："怎么整天那么多事情，一天都来几次了？能不能以后想好后一次性取走啊，烦死了，这么忙！"说着，把盖好章的报表往桌上一放，就去忙自己的了。

这时，设计部陈哥要用会议室，请敏敏把门打开。刚刚坐下的敏敏不耐烦地说："不是说过了吗？你要是用会议室就提前吱一声啊，怎么就是记不住。"说着把登记簿往陈哥面前一扔，自己拿着钥匙去开门了。

小林和陈哥对视了一下，摇摇头没吱声。

到年底评议的时候，敏敏的分数是公司最低的。

安东尼·罗宾说过："你有什么样的感觉，就会有什么样的生活。"的确如此，不一样的感受会带来不同的情绪体验，积极的情绪带来乐观的人生，消极的情绪则带来悲观的人生。所以说，情绪是决定一个人成败的关键因素。

林昭是一个北方姑娘，在一家公司负责一个小团队，她是一个非常向上且有干劲的女生，业绩可以说是好得没话说，常常咬住客户不放，对客户的付出也是无怨无悔，对团队的教导更是尽心尽责。可是，令大家想不到的是，就这样一个尽职尽责的人并不是多么讨人喜欢，因为她的脾气特不好，一不小心惹到她那就等于碰到了炸药包。林昭跟公司里上上下下的所有人都吵过架。所以，即使她业绩不错，公司里面也没有多少人愿意与她亲近。

杨哥是公司的部门经理，也是林昭的直系上司，杨哥心地宽容且很会识人，在他看来，林昭是一个不错的员工，为人正直讲义气，对公司尽职尽责，所以一直很器重她，因为他明白林昭只是不太懂得处理自己的情绪，不懂得人情世故而已。

有一次，林昭情绪爆发，和另一个部门的经理吵起来了。杨哥把林昭拉到办公室，询问原因，林昭情绪激动地说："他们就是瞧不上我，总是针对我，我虽然是女生，但是我也很向上，我要证明给他们看。"杨哥说："是的，小林，你要明白，你证明的不仅是你的业绩，对于一个强者来说，你还要懂得为人处世，懂得控制自己的情绪。如果你经常发脾气，他们只会更加嘲笑你，更加看不起你。你发脾气，伤害到的人是谁？除了你自己，就是那些真正关心你、爱惜你的人，他们会为你失望、为你伤心，那些不在乎你的人，你发脾气根本伤害不了他们，他们反倒会更加嘲笑你。"杨哥教导林昭要学会慢慢调整自己的状态，换一种心情看待周围的人和事，通过这一番话，林昭内心平静了下来。

事后，林昭认识到了自己的问题，她开始慢慢调整自己，各方面都与人为善，心态也变得更平和。而成家当了妈妈之后，她的母性被激发出来，不仅情绪变得更稳定，而且她将这种爱传播到身边的人，身边的人也更喜欢与她相处了。后来，杨哥出国定居，林昭在大家的一致举荐下坐上了经理的位置。

心理学家认为："情绪就是人对事物的态度和体验，它是自然存在的一种能量状态。"如果一个人在生活和工作中能够合理掌控自身的情绪，那就必然能够做到理性地自我分析、自我控制、自我监督，直至自我完善，从而激发自我潜能，成功地做好每一件事情。

情绪决定成败，这是生活的哲理。一个人的成功首先来自于其自我情绪的完善，而并非他的才能。那么怎么让良好情绪激发自己的潜能，步入成功呢？

1. 多做运动，锻炼出好情绪

最简单的方法那就是运动。运动会让你忘记烦恼，使大脑分泌出令人心情愉悦振奋的内啡肽，让你情绪高昂。那么，当你感觉压抑，情绪不好的时候，就去运动吧，当你又跑又跳、又喊又叫的时候，你的大脑会快速运转，情绪也会马上高涨，潜能就会不断迸发出来。

2. 看待生活要保持积极的心态

其实，有时候我们遇到困难并不意味着穷途末路，就好比花儿的变化，今天枯败的花儿蕴藏着明天新生的种子。同样，今天的悲伤也可能预示着明天的快乐。现代社会的竞争是异常激烈的，保持好情绪尤为重要，只有拥有一个好情绪才能开始一次心胸畅达的航程。

心理悄悄话

胡适曾说过："朋友们，在你最悲观失望的时候，那正是你必须鼓起坚强的信心的时候，你要相信：天下没有白费的努力。成功不必在我，而功力必不可捐。"朋友们，当你感到迷茫的时候，请为自己点燃前进的力量吧，时刻充满正能量，你才能无所畏惧，你才会获得更加成功、幸福的人生。

情绪积极，幸福才会来得更容易

之所以说好情绪是人生的好帮手，主要在于拥有一份良好的情绪能够迅速调动我们的生活激情，情绪高昂才能激情高涨。当选择以一种快乐的心情去生活时，我们的激情就能被点燃和推动，进而释放出潜意识的巨大力量。带一份好心情面对人生，即便身处痛苦，你也能感受到生命的美好，你也有从激情中迸发出新的希望。

苏格拉底单身的时候和好多朋友同住在一间很小的屋子里，但他一天到晚笑容满面。

有人问："这么多人挤一块，睡觉时就连转身都难，你怎么还能这么高兴？"

苏格拉底说："朋友住一块儿，随时可交流思想和感情，这还不值得高兴啊？"

不久，朋友们一个个有了妻室，小屋只留下苏格拉底一个人，他仍然欢喜。

那人又问："你孤孤单单的一个人，还能高兴什么啊？"

苏格拉底说："我的书多啊！一本书足以称得上一个老师，这么多老师济济一堂，我怎能不高兴呢？"

才过几年，苏格拉底也有了自己的家室，住进了一座高楼的底层。高楼有7层，底层环境最差，经常会遇到泼污水、丢死耗子、扔破鞋臭袜子之类的事，但苏格拉底依然整天喜气可人。有人好奇地问："你家住在这样的环境，还能高兴啊？"

"照样高兴！"苏格拉底说，"住一楼的妙处你有所不知啊！我略举一二：到自家跨步就到，不必爬高楼，特别是搬个东西方便得很；朋友来了一下子就找到了，不必费心一层层去找；另外还有一个很大的乐趣：种花、种草、种菜，其乐无穷啊！"

一年后，苏格拉底把底层让给了一位老爸偏瘫的朋友。他自己搬到了7楼，仍然每天快活着。

以前的那个人带着取笑的口吻说："老先生，7楼好处也很多吧！"

苏格拉底说："没错，好处多着呢！例如，每天上下楼梯，活动了身体；光线也不错，看书写字不伤眼睛；天花板不会乱响，白天黑夜都很宁静。"

后来那人看到了柏拉图，他问道："你的人生时时刻刻都很乐观，但环境并不见得那么好，为什么呀？"

柏拉图说："一个人心情的好坏，决定因素不在外界环境，而是内在思考方式。"

无论是焦躁、忧虑抑或悲伤、沮丧，内心的消极情绪都如同田园中的杂草，无时无刻不在侵蚀着我们的心灵，影响我们的正常生活。因此我们要时刻擦亮自己的心情招牌，任凭严寒酷暑、花开花落，始终保持一种愉悦的心情，享受生活中的每一缕阳光。

当你逐渐对工作感到厌倦和烦恼时，与其调整岗位，不如调整自己的心情，让自己去热爱现有的工作。唯有以快乐的心情投入工作，你才能在工作中找到乐趣，以一种愉悦的情绪面对工作，你才能够尽自己最大的努力，最终在工作中获得丰硕的成果。

好的情绪是一种无形的力量，它能激发个体不断前进。如果将一个人的肌体比喻成硬件，那么好情绪则是一个人的软件和血脉。这些看不见、摸不着却又真实存在的绝佳情绪能够令人意气风发，源源不断地传递活力和斗志，从而为成功铺开最为广阔的道路。

当然，良好的情绪不是想来就会来的，但是它可以通过我们的自觉意识来培养：

1. 珍惜生命，懂得感恩与知足

人生苦短，我们要珍惜活着的每一天。只要拥有了人生目标，情绪好也好，坏也好，环境好也好，差也好，都要以目标为主；只要拥有了美好的情绪，就会发现世界真的很美好，让一个人开心也不再是一件难事。这时候你会发现，其实自己一直活在幸福之中。

2. 多和乐观的人在一起

不要浪费时间去看一些关于别人悲惨经历的新闻。在上学或者上班的途中，在能保证安全的前提下，可以听听电台或者音乐。如果可能的话，和一位乐观的人一起吃午餐。晚上的时候，不要坐在电视机或者电脑前，而要把这段时间用来和你所爱的人聊聊天。

3. 多角度看待问题

每一件事都不能用绝对的好与坏来评论，如果你懂得多角度看待它，那你的思想才不会被禁锢。尝试换个角度想问题，尝试带着乐观的心态上路，尝试着用欢喜的情绪向未知打招呼，尝试用婴儿般的眼光看世界，我们的人生旅途就一定会趣事多多、收获满满，充满快乐。

心理悄悄话

想要吸引更多的人，那你就要时刻保持一种好心情，时刻挂着迷人的笑容，让人看到你就感到愉悦。好心情是展示自我魅力的招牌，学会亮出你的招牌，将笑容挂在你的脸上，用微笑去感染他人，相信你的生活将会变得与众不同。

蔓延坏情绪，定会让你越来越糟

坏情绪就像感冒一样，传染速度快，对于意志力弱的人来说更容易被感染。

有一天，王丹丹出去逛街，不小心把太阳伞给弄丢了。于是，王丹丹感到非常心痛、懊悔，一路上一直在批评自己的不小心，不断地思索到底自己把太阳伞丢在了哪个地方。天气很热，这闷热的天气让王丹丹的内心更加郁闷。随后，王丹丹回到了自己的家，可是一到家，她才发现自己的卡包也不见了，因为她一路上一直惦记着自己的太阳伞，所以把卡包丢了都不知道，根本没注意自己是什么时候丢的。这下可好了，卡包里放着太多东西了，里面有自己的身份证，还有自己的银行卡、会员卡等，这些东西比丢了钱还麻烦，需要一张张去补办，关键是有些证件并不能一天两天就能补办好。没想到，因为丢太阳伞的坏情绪让她的损失扩大了无数倍，正因为王丹丹一直处于仓促、惶恐的坏情绪中，才让自己陷入了更坏的境地。

曾经有人说过："情绪这种东西，非得严加控制，否则一味地纵容自悲自怜，便会让你越来越消沉。"所以，我们在任何时候都要学着去控制自己的情绪，千万不要让蔓延的坏情绪破坏了自己本该美好的生活。

我们继续看下面这个案例：

徐敏在某家首饰店做导购，每天都乘地铁上班。

周一早晨地铁很挤，刚刚出了地铁，徐敏着急地想看一下时间，但是翻遍包里所有的东西也找不到手机。这时，徐敏突然想起在地铁口有个人挤了她一下，手机肯定是被那个人偷了。这可是徐敏刚买了没两个星期的新手机，徐敏气得直跺脚，发誓挖地三尺也要找到那个小偷。

可是，路上满满的全是人，该去哪里找呢，又怎么可能找的到呢？

由于徐敏一路气愤不已，完全忘了要赶点上班，这下好了，上班也迟到了，关键是还被店长看到了，因此徐敏又被批评了一顿，原本郁闷的心情顿时更为严重。没一会儿，店里来了一位顾客，他想看看玻璃柜里的一条金项链。

徐敏装作没听见，对此置之不理。那位顾客以为徐敏没听到自己说的话，于是他又朝着徐敏大声招呼了一声。徐敏不耐烦地看了顾客一眼，没好气地大声嚷道："你喊什么啊，不就是看项链吗？我给你拿就是了！"

徐敏这一吼，周围的几个同事都愣了，大家都在议论纷纷，猜测徐敏今天到底是怎么了。顾客听后非常生气，直接反映到商店老板那里。结果，徐敏又被老板大骂了一顿，不仅要求她向顾客道歉，还要扣除徐敏的工资，这一顿臭脾气，差点连工作都丢了。

坏情绪往往会给我们带来不利的影响，这种坏情绪一旦散播开来，也会影响到我们身边的其他人。北大心理学认为，一个人如果过于敏感，就很容易因为一些微不足道的原因而产生较大、较明显的情绪波动。情绪化的人不能控制自己的情绪，遇事不是大喜就是大悲。这样对一个人的身心来说没什么好处。

为何有些人明明能力不错却一生平淡，没有成就可言？为何有些人苦苦奋斗却依旧原地踏步，不见成效？其实，大部分人就是因为缺乏一种好的心态，好的情绪。由于总是心态失调，情绪不稳定，总受到坏情绪的误导，以致无法发挥出自己的正常水平，最终导致失败。那么，我们该如何摆脱坏情绪呢？

1.时刻提醒自己不被琐事烦忧

我们在生活中也要学会理性地控制自己的情绪，要时常在心里提醒自己"我并不是个容易生气的人，这些小事还烦不到我"，提醒自己不要被琐事所烦，避免去想不如意的小事，控制好自己的情绪。

2. 海纳百川，有容乃大

海纳百川，有容乃大。包容是一种智慧和美德，也是多少成功者的法宝，忍是一种眼光和度量，也是一种修养和策略，更是一种智慧。在小事上的忍耐，是为了大事上的成功，同时也能让自己的心态好起来。

3. 学会释放内心的烦闷

如果有不愉快的事情或委屈，不要闷在心里，而要向知心朋友和亲人说出来或大哭一场。这种发泄可以释放积于内心的郁积，对于人的身心发展是有利的。当然，发泄的对象、地点、场合和方法要适当，避免伤害他人。

心理悄悄话

芝麻小事，请不要烦忧，他日之事，请不要提前自寻苦恼，人活一世，应该有所追求，有所舍弃。明天着实叫人挂虑，可是，我们是否应该先把今天的事情做好？试着把每一件事看轻松，试着每天都开开心心，快乐就掌握在我们自己手中。

掌握主动权，不做情绪的奴隶

我们常听说这样一句话："人生不如意事十之八九。"一个人在遇到不如意、不顺心的事情时，有情绪反应是再正常不过的，因为我们每个人都是有血有肉的个体，有七情六欲，所以要求自己或者他人跟个木头一样，冷漠没有情绪，也是不可能的事情。但是，无论如何，我们都不能任由情绪去破坏我们的生活，因为我们才是情绪的主人，如果你在情绪面前过于被动，那你就极易沦为情绪的奴隶，从而会做出一些无法弥补的错事。

柳青在一家公司做部门经理，她在这个公司已经待了五年了。最近一段时间她变得异常焦虑。

事情是这样的，公司精减人员，人事部正在制订裁员方案，因此在柳青的脑海里，整天都是自己下岗后落魄的样子。柳青对老公说："我在我们公司已经待了整整五年了，五年来，为了日子过得更好，我可以说是付出了很大的心血，刚开始我是一名最底层的小职员，后来我成了小组长，到现在我坐上了部门经理的位子，这些年我的努力你知道有多少吗？但是，现在公司也遭遇了危机，决定裁员。我真的很害怕自己被裁掉，我现在都35岁了，如果被裁掉的话还得重新找工作，金融危机下工作肯定不好找，就算找到了，我又怎么和那些朝气蓬勃的年轻人竞争呢？我真的好紧张，我觉得这下我是完蛋了，我可能会成为一名下岗职工了。我该怎么办啊，哎！"

这样没日没夜地想着最坏的结果，柳青的精神状态越来越差，工作也经常出毛病，终于，由于柳青的失误，公司一个单子告吹了，结果，本来不在被裁之列的柳青，最后真的被裁掉了。

人生一世，喜怒哀乐，在所难免，但部分人在激情状态，如狂喜、痛苦、绝望、恐惧、暴怒时，往往会失去理智的控制。但我们要学会用理智的力量去抑制感情的冲动。康德说："人这一生只犯了一种错误，那就是控制不住自己的情绪。"正因为控制不了情绪，你才会陷入痛苦、悲伤、绝望、疯狂的状态中。通常来说，我们有能力做好一件事，我们也有机会去做好一件事，但往往会因为个人情绪的失控把事情搞砸，最终和成功失之交臂。

"阿洛，策划案抓紧给我准备出来，否则咱们这次竞标就遭殃了！还有这个文件，你看看，赶紧帮我做出一份数据分析！"经理一副焦急的样子。

阿洛在经理走后，向同事发牢骚说："早干嘛了？故意的吧？马上就下班了，他这么催我，这不明摆着让我加班吗？真是烦透了，还让不让我活！"阿洛带着坏情绪，速战速决做完策划案，然后又带着坏情绪处理数据。

结果阿洛的策划案没有亮点，没有卖点，更缺少创意，最终导致公司没有中标。经理遗憾地对阿洛说："其实，我还是很器重你的，这次本想趁着竞标的机会给你升职做主管，可是你太暴躁了，不能控制自己的情绪，做事还是欠考虑，所以上级没有批准，太可惜了！"

在一声叹息中，阿洛与晋升的机会失之交臂，他不是没有能力，而是太情绪化，以至于让这种恶劣情绪影响了他才能的发挥。

情绪，是个很奇妙的东西，如果你能拿下它，那你就是它的主人；假如你拿不下，那它就会骑在你头上，你也就沦为了它的奴隶。生活中我们经常听过或见过许多违法行为，其实并不是他们不懂法律，而主要是他们在特殊情况下控制不住自己的性子，一时冲动，所以酿成大错。

任凭坏情绪摆布的人往往是生活的弱者，当你要发脾气的时候，应该做的第一件事就是尽量让自己安静和放松下来，想一想目前出现了什么情况，而不是顺其自然让脾气发作，被情绪牵着走。

1. 学会接受并适应现在的生活

一些事是人们无法改变的。既然已成事实，就不要总想着如何再让它变为虚无，而要尝试去接受，去面对现实。你不可能改变全世界，事物不会因你而改变。我们所能做的，就是适应这个世界。所谓物竞天择，适者生存，想让自己开心，首先就要让自己不那么极端，不去钻牛角尖。

2. 不要轻易倒苦水

有些人有这样一个习惯，只要自己有一点烦心事就会随便找个人大倒苦水，喋喋不休，也不管对方愿不愿意听。发泄完之后，自己心里好受了，就把别人撂在一边，不考虑别人的感受。相信这种人的人缘一定好不到哪儿去，甚至会招致很多人的反感。

3. 增强理智感，遇事多思考

增强理智感，可以使我们遇事多思考，多想想别人，多想想事情的后果，认真对待，慎重处理。当想与人争吵时，也可反复提醒自己："千万别发怒，要冷静。"这样，就可以遏制情绪冲动，避免不良后果。

心理悄悄话

处理生气情绪的方法有很多，你可以冷处理，你也可以利用转移情绪的方法来解决。其实，当你离开某个情境的时候，你的注意力就会转到其他的地方，这时，你内心的某种情绪也会跟着转移，此时，如果你适时地去想象一些其他高兴的事情，那么你生气的情绪消失得会更快。

第 02 章
了解情绪心理：多数疾病都与情绪有关

  俗话说：欢乐长寿，忧愁衰老。传统医学中有记载："百病生于气，怒则气上，喜则气缓，恐则气下，惊则气乱，思则气结……气伤肝，喜伤心，思伤脾，忧伤肺，怒伤肾……"，由此可见，在日常生活中，心理与疾病，情绪与健康有着十分密切的关系。如果你不懂情绪，不知道情绪对一个人的重要意义，那你就容易放纵疾病的滋生。所以说，关注健康，关爱生命，请先留意自己的不良情绪。

情绪不好，疾病则会悄然滋生

由于不懂医学，很多人就错误地把大多数疾病理解为"这是生理引发的毛病"。即使是精通医学的人也弄不明白，所以外行的人感到迷惑也就没什么大惊小怪的了。直到1936年，医学界才逐渐了解由情绪诱发产生的生理疾病的机理。其实，人们的大多数疾病都是由不良情绪造成的，日积月累的坏情绪会不断侵犯你的身体器官，目积月累，就爆发出各类疾病，如果人们还对情绪问题不高度重视，那么，悲哀将无法挽救。

古往今来，许多人的事业都坏在了不健康的身体上，而导致身体不健康的原因则是这些人的负面情绪。诸葛亮就是一个非常典型的例子。

诸葛亮是三国时期著名的军事家和政治家，有很多人认为他是一个谈笑自若、指挥若定、风流倜傥的人物。事实上，在刘备死后，他不再是这样的人了。这是因为，"兴复汉室"的重担压在了他的肩上。在朝中无可用之将、皇帝昏庸无能、魏国过于强大的压力下，诸葛亮夙夜忧叹、食不甘味、寝不安席，身体状况急剧下降，最后变成了一个疲惫不堪、心力交瘁的老者。

诸葛亮当然了解自己的身体状况，但是他却不注重心理的调节和健康的维持，反而变得更加急躁起来。或许，他是想在自己死前完成刘备托付给他的使命吧。在这种心态的支配下，他不顾国力不足的现实，又发起了对魏国的战争。但是两个月之后，诸葛亮带着深深的遗憾病死在军帐中。匡扶汉室的大业最终因为他的死亡而夭折。

诸葛亮的死和他身上背负的压力有很大的关系，但是这却不是最重要的原因，究其根本，是坏在了他本人的情绪上。如果他少一些忧虑多一些乐观，少一些固执多一些洒脱的话，恐怕他的身体就不会过早地垮掉，也不会在五十四岁的时候就与世长辞了。可惜历史不容假设，诸葛亮最终也只能带着壮志未酬的遗憾离开人世。

现代医学研究发现，人类疾病中由心理因素、身心失调引起的疾病占50%~80%。紧张、悲哀、抑郁等不良情绪会激活体内的有害物质，击溃有机体的保护机制，破坏人体的免疫功能，从而导致生病。所以说，我们一定要注意调节自己的心情，避免疾病的缠身。

心理因素致病的主要途径是内外刺激——精神因素——功能障碍——细胞疾病——组织结构变异——疾病产生。人的大脑与免疫系统之间有一种化学物质在传递信息，这种化学物质在产生情绪的那部分大脑中枢神经区域里最为集中，如果被消极性情绪长期"占据"，就会导致大脑皮层兴奋、抑制功能失调，不仅会带来睡眠不佳、食欲不振等生理反应，还会使体内激素分泌发生变化，新陈代谢水平降低，从而导致免疫功能减弱，体内某些细胞恶性增长，各种疾病就乘虚而入。

如果一个人习惯性地出现不良情绪，那他就会时常被烦闷、怨恨、悲伤、后悔等负面情绪缠身。慢慢地，这些负面情绪产生的毒素就会在体内积累沉淀，最终将会爆发大的疾病。换句话说，假如自己一直沉浸在不良情绪下，那就是在不断地吞噬慢性毒药。紧接着，迎接我们的就会是各种各样的病！

那么，我们该如何做才能避免因情绪引发各种疾病呢？

1. 不要刻意注意自己的"小疼痛"

世界上最痛苦的人，就是那些老以为自己身体有大毛病的人。他们总是担心自己机能失灵。每天早上醒来，就马上自问："我今天什么地方不舒服？"对于一些无关紧要的小病痛，我们只要不断注意它，准可以把它弄成真病，而且很快就可加重10倍。

2. 对人对事保持一颗平常心

太浮躁、爱冲动，这些都是情绪化的表现。然而，情绪化的结果就是让你的状态大起大落，其影响力绝不亚于股市对人们精神的迫害。所以，万事都要保持一颗平常心，心平气和地对待所有的疾病。正常看待死亡，那么，你就不会因为疾病而遭受心理困扰了。

3. 用笑面对生活

笑是人精神激动因素中最健康的因素。发自内心的、健康的笑，对人的身体健康有很大益处。在临床上，笑被用作一种治疗手段，治疗情志抑郁症以及因怒、悲等不良情绪引发的疾病，疗效颇佳。近来研究发现，笑对于癌症的预防和治疗也有一定的作用。

心理悄悄话

没有好的心态，那就没有好的身体。百病生于气，生理疾病与人的七情六欲有着密切的关系。而且，心理上的阴影还会对人体的技能活动产生干扰，降低人体的防御能力，进而导致疾病的发生。

晕血背后的秘密，你知道吗

生活中，不只是年轻的小姑娘害怕看到鲜红的血液，其实，很多强壮的大男人也是有晕血的毛病的，亮亮的爸爸就是一个例子：

亮亮的老爸看上去人高马大，身强体壮，可他有个难以启齿的毛病——见血头就晕。

那天，亮亮的老妈在做饭，切土豆丝的时候不小心切到了手，流血了，亮亮的老妈疼的不得了，大声吆喝亮亮老爸给她拿东西包扎一下。老爸闻声赶来，看到媳妇攥着的手上全是血，当时就吓傻了，他浑身不舒服，感觉头晕晕的，站都站不住，这样的情形不仅没给亮亮老妈帮上什么忙，反而还得需要亮亮老妈把他扶到座位上坐下，当时把她气得啊，骂了一通，还是自己去包扎的。

诸如此类的事儿还有几桩。总之，亮亮老爸晕血这个毛病真让人哭笑不得。可是，有一次，晕血的老爸做出了一件让他的妻子和儿子意想不到的事。

某天，亮亮一家三口在街上散步，看见对面停着一辆献血车。亮亮和老妈一直对他晕血这件事愁得脑袋大，这次他俩故意逗他："老爸，你敢不敢去献血呀？"亮亮和老妈原以为老爸会岔开话题，没想到他却果断地说："怎么不敢！"哟，"敢"字的尾音还颤抖着呢。

他俩笑了笑，为了不让他后悔，两个人就把他拉上了车。医生热情地招呼他们一家坐下，询问了老爸几个问题，咦，一向口若悬河的老爸怎么结巴了？接着，医生说要抽一点儿血进行化验。老爸一听，脸色顿时苍白起来。他迟疑地伸出食指，闭上了眼睛。幸好只是一刹那。检测结果出来了，老爸的血没问题。要献血了，老爸颤抖着卷起袖子，露出胳膊，转过头。一根粗粗的针戳进了他的血管，亮亮感觉到他全身一抖。那一刻，亮亮的心似乎也被扎了一针，手也不由自主地颤抖起来，亮亮忙用右手握住了老爸的左手。再看老爸，眉头紧锁，显得很痛苦。鲜红的血缓缓地流入袋子，老爸的脸色越来越苍白。当血袋里的血终于满了的时候，老爸的脸已变成一张白纸，而亮亮右手的大拇指呢，都快被老爸捏得骨折啦！医生给老爸颁发了一本红艳艳的"无偿献血证"，老爸的脸上才泛出了一丝红晕，露出了孩子般的微笑。他说："我终于克服了我的晕血心理。"

晕血症又叫"血液恐怖症"，是一种特殊处境中的精神障碍，此症与怕见蛇、怕见毛毛虫的"物体恐怖"，以及怕见陌生人、怕见异性的"交际恐怖"同属恐怖症，与胆小无必然联系。除了不能见血以外，晕血者与常人无异。患晕血症者，轻者见血就感到恐怖、恶心；重者会失去知觉。这些问题可能会影响患者的工作和生活。但是晕血症不是不治之症，此症若经过"脱敏"治疗（在心理医生指导下反复、逐步地由弱变强地见血），即可以得到治愈。

其实，鲜血对人并无多么强烈的感受，只是每个人心理承受力不同而已。对于晕血的人，血就像是噩梦般可怕，当他们看到鲜血时，会全身颤抖，感到身体不适，甚至有的时候会晕厥，因为他们对血过于敏感。晕血不分男女，只是一种心理恐惧情绪，是人们在心理上产生的一种排斥。

人们害怕血，其实这是一种正常现象，因为这是人类长期进化过程中的产物。有一些观点还声称，人类会恐惧血液实际上就是恐惧死亡。血液是生命的象征，一旦看到血液外流，就会联想到受伤害，感受到生命力在消失，出于对生命的留恋和对死亡的本能的畏惧，我们才会有晕血的现象出现。作为一种心理恐惧情绪，大家应该从实际生活中寻求方法克服。

1. 让自己的身心放松下来

既然别人不怕血，为何我就如此胆小呢？我们要学会劝说自己努力去试着克服自己的心理恐惧，不要总是提醒自己见了血会害怕，会晕倒，这样永远都走不出它的阴影。我们要正确看待血液，告诉自己这只是人们身体中的一部分，流血是生活中很正常的一件事，放松自己，慢慢克服。

2. 做一些尝试，不断突破自己

其实，案例中亮亮的爸爸就是通过献血逼迫自己去克服恐惧心理的，只要你敢于尝试，相信慢慢地你就可以走出恐惧，战胜自己。我们可以通过看"带血"影片来锻炼自己，也可以上自己目睹流血的场合，甚至去医院直视抽血的过程。大胆尝试，总会实现从小步到大步的超越。

3. 进行身体上的锻炼

晕血与肌肉有一定关系，可以选择训练收缩肌肉来改变晕血的习惯。开始做一些简单轻松的练习，让自己心态保持平稳，然后想象自己身体有血液留出，如不适，活动手脚，加速血液循环，从而缓解晕血。反复联系，增强自身适应能力。

心理悄悄话

恐惧的情绪人人都有，其实，恐惧也是人类最原始的情绪之一，人们产生恐惧也是合情合理的。但是，这并不代表着任何恐惧情绪都是可以忽视的。当人们在通常不应该引起恐惧的情景或场合，产生了与实际危险不相协调的恐惧感时，就可能患上了恐惧性神经症，简称恐惧症。恐惧症主要有场所恐惧、社交恐惧、特异恐惧三种。

学习压力过重，身体定会吃不消

已经是凌晨一点多了，晨晨还是睡不着。他已经连续一个星期失眠了。罪魁祸首无非是快要到来的期末考试。

第二天，晨晨带着乌黑的眼圈去上课。奇怪，晚上躺在床上睡不着，白天一听老师讲课就头疼。这到底是怎么回事？晨晨感到困惑极了。

过了一段时间，紧张的期末考试终于结束了，晨晨的成绩一落千丈。

但成绩还算不上大问题，晨晨最大的麻烦就是他频繁地失眠、头昏、抑郁……后来，爸妈带晨晨到医院检查，医生告诉晨晨，这是因为学习压力过大而引起的神经衰弱。

压力的形成，不外乎两个条件，一是外界的刺激，二是内心的感受。后者往往是人有压力感的主要来源。不同的青少年，面对同样繁重的学习任务，有人轻松，有人却紧张；有人把压力当作动力，有人却把压力当作负担。心态的差异造成了他们行为的不同。如果青少年不懂得合理调整自己的心态，正确看待自己的压力，那总有一天就会累垮，健康的警钟也就会敲响。

莉莉的爸妈在社会上混得不错，都是要面子的人，他们对莉莉倾注了很多心血，同时也为莉莉设置了极高的标准。在学习上，莉莉必须要争第一，因为在父母眼里第二不是最优秀，只有第一才是赢家。

为了达到这个目标，莉莉从小的学习时间就长过其他孩子，她没有时间看动画片。没有时间出去游玩。放学后不是参加补习班，就是到舞蹈室练舞蹈。莉莉是个懂事的孩子，为了能使父母感到欣慰，她卖力地学习，因此成绩一直都很优异。不过，即便如此，莉莉偶尔也会错失第一名，而在这种时候，父母就对莉莉冷言冷语，怪她懒惰不知上进。逼莉莉增加更多的学习时间……

在越来越大的压力下，莉莉的学习成绩反而越发不稳定了，第一名的次数越来越少。学习的后劲也越来越不足。看着同学们飞速进步，而自己却不进而退。莉莉心里产生了巨大的挫败感和失落感，同时，还要面对父母越发严厉的批评。最终，莉莉的情绪崩溃了。她变得暴躁不安，情绪波动很大，并且经常失眠。她再也听不进去父母的话了，也不跟同学老师来往，把自己封闭了起来。

通过晨晨和莉莉的案例我们可以看出压力过大对一个人的学习不仅起不到积极作用，反而会阻碍学习，甚至危及身体，可以说是物极必反。大家都知道，如果一个人没有一丁点儿压力，那么就会变得闲适懒散且缺乏上进心；但如果压力太大，就会使人精神过于紧张、心理负担过重，并由此产生注意力分散、记忆力减弱、判断力下降、紧张性头痛、失眠、恶心等症状，时间长了，还会造成神经衰弱、抑郁症等精神疾患。压力对一个人的影响是双面的，既有积极影响，又有消极影响。合理调节自己的压力，对一个人的身心健康来说极为重要。

压力是如何侵犯人体健康的呢？当人们遇到压力时，大脑经植物神经系统和下丘脑—垂体—肾上腺复合体的输出，启动机体的自然防御，从而应对压力。这个过程会伴随一系列的生理反应，如心脏容量加大、血压升高、较快形成动脉斑及加速磨损的全身状态的改变，也会影响到呼吸反应，并且抑制免疫系统等。如果压力长期存在，这些器官和系统的生理变化也会长期保持，从而对机体产生负面的作用。压力会引起的比较常见的疾病包括哮喘、高血压、消化系统溃疡等。如果大家不及时调节自己的情绪，那事态严重之后，就极有可能出现危及生命的状况。

生活中，很多学生因为压力过大而轻生，这样的事情真的是让人痛心，面对巨大的学习压力，父母应该及时疏导，学生自己也应该学会自我调节，千万不要让恶果一次次发生，到时候后悔则为之已晚。

1. 多做运动，活动身心

压力大时，要学会去运动场上寻求解脱。可以将足球、篮球当作发泄对象，当完全投入到运动的状态中时，身体就会处于一种无备状态，从而会把心中的压抑和烦恼全部转换为动力发泄出来。

2. 制定的学习目标要适当

每个人都有理想，而每个人又都生活在一定的现实条件之中，理想与现实之间总是存在或大或小的差距。理想与现实之间存在差距是正常的，但如果这种差距太大造成冲突，就容易导致各种心理问题，因此我们在目标的设定上要实事求是。

3. 正视挫折，保持好心态

遇到打击时，与其沉浸于痛苦中不能自拔，不如勇敢地承认现实。控制好自己的个人情绪，积极寻找对策，或许会"柳暗花明又一村"。良好的心态是心理健康的重要标志，也是素质教育的培养目标。学生有必要掌握一些平衡心理的方法来正确面对和缓解心理压力。

4. 家长要学会适当地放手

当学校老师为孩子施加压力，让妈妈监督孩子学习时，妈妈最好不要让老师牵着鼻子走，而要做到"不管"和"不说"。孩子们已经够累了，就让他们在这种"不管""不说"中学会自我监督、自我放松吧！

心理悄悄话

如今社会竞争越来越剧烈，人们的压力可以说是越来越大，压力大的同时，精神也会受到一定的摧残。此时，我们应该做的就是把压力变成动力，让自己在困境中不断向上。"井无压力不出油，人无压力不进步。"这是20世纪中国家喻户晓的大庆铁人王进喜的名言。

郁结的情绪，迟早会爆发大的危机

这段时间以来，杜刚的家里出了很多变故，他的心情非常烦闷。杜刚平时不爱说话，遇事总喜欢憋在心里，长时间下来，他感觉身体很不舒服，总是肚子疼、胸闷，还总是精神萎靡。他觉得，这肯定是因为家里的事情闹得，于是他去医院开了一些药，然后决定去心理医生那里寻求点方法，要不然，自己病倒了，整个家就垮了。

杜刚向心理医生倾诉："医生啊，我真的郁闷毁了，老爸嗜赌，前阵子输了三十万，没钱还债，他逼急了竟然跑去盗窃，结果被抓，送进了牢狱，下个月就要开庭审理了；对于这件事，老太太受不了了，一病不起，至今还在医院。现在家里整天来催债的，我都郁闷死了，有苦说不出，整个家就靠我了，可是自从这些事以来，我的身体又不舒服，我觉得是坏心情积郁过久的原因，我不知道怎么调节自己！"

"是，积郁成疾，你不仅需要药物调理一下，你还需要从心理上调节，来，我们去一个地方。"心理医生说着便把他带出了咨询室。在一个空旷的大厅，"现在，听我的。"医生对杜刚说："放松站立，首先深吸一口气。在吸气的同时，左、右手握拳，右拳抬起，高过头顶，虎口向自己……对，像我这样。"

心理医生边说边示范起来，"呼气，瞪眼发出哼的声音，尽量延长，同时紧握拳头。待气出尽以后。再用最后的力发出哈音。同时两手尽量张开。"

杜刚在医生的指导下慢慢地吸气呼气，医生说："好了，第二次深呼吸。在吸气同时，手势同上；呼气时，瞪眼，两手尽量张开，同时发哈音。气出尽时，再用最后的力发哼音，同时紧握拳。在做哼哈吐纳的同时，想象那些令自己不愉快的事，大声说出来，发泄一下自己不满的情绪……"杜刚在医生的指导下重复着各种动作，心情也慢慢地平静了许多。

随后一段时间，杜刚在空闲时或者郁闷时就按照心理医生的各种方法来调试，身体好了许多。

消极情绪包括忧愁、悲伤、愤怒、紧张、焦虑、痛苦、恐惧、憎恨等。消极情绪的产生是因人因时因事而异的，产生的原因可能有对"应激源"产生的反应；在工作、学习或生活中遭受了挫折；受到了他人的挖苦；莫名的情绪低落等。如果此类的消极情绪长期积压在心里，那势必会引起一系列的生理反应，疾病就会悄然而至。

坏情绪郁结导致身体病变的例子有很多，其实很多胃病的出现就证明了这一点。

胃肠道的蠕动，尤其是各种消化腺的分泌，都是在神经内分泌系统的支配下进行的。人在愉快的情绪下进餐，消化液会大量地分泌，胃肠道蠕动也会加强，使消化活动顺利进行，从而有益于健康。相反，在恶劣情绪下进餐，则可能导致消化功能降低，甚至发生紊乱。如果长期在恶劣情绪下进餐，就会患各种胃病，最常见的有胃与十二指肠溃疡和慢性胃炎等。

坏情绪郁积在心里，还有一个可怕的后果，就是会盲目地向外冲击，其伤害的目标，可能是朋友，可能是亲人，也可能是自己。这就好像一只困兽，为了挣脱束缚而胡乱冲撞；也像一场洪水，咆哮着向四面八方冲刷，把任何阻拦都视为敌人般对待。

1. 适当的让自己流流泪

眼泪不但有助于情绪的缓解，它还有其他重要的生理功能。眼泪是泪腺分泌出来的一种液体，泪腺位于眼球的外上方。一般人平均每分钟眨眼13次左右，每眨一次眼，眼睑便从泪腺带出一些泪水来。当人们眨眼时，泪水对眼睛便有清洁作用，如可以冲掉异物、刺激物等。

2. 不要把所有的事情都堆积在心里

很多内向的人喜欢把所有的事情堆积在心里，不管受了多大的委屈或者是遭遇多大的痛苦，他都只字不提，默默承受，这样长期下来，很容易憋出毛病。所以说，如果你有很多难受的事情，不妨适当宣泄一下，否则你的身体迟早会吃不消的。

3. 学会自我暗示

据科学研究，人的体力、智力和情绪都是有周期的，也就是说体力有充沛和虚弱的时候，智力有反应敏捷和迟钝的时候，情绪有激昂和消沉的时候。因而，当你情绪低落时，便可以暗示自己："这几天可能正是我情绪周期处于低落的阶段，过几天自然会好起来。"

心理悄悄话

情绪关乎生命，如果你能提升自己合理控制情绪的能力，那这就等于是为自己的身体保驾护航。朋友们，郁结已久的情绪迟早会爆发大的危机，合理地疏导自己吧，否则后悔都来不及。

幸福生活的本质：愉快的基础情绪

马克思说过："一种美好的心情，比十副良药更能解除心理上的疲惫和痛楚。"如果你内心愉悦，那即便身处困境，你也能激发向上的能量。然而，不顺心的事情常有，甚至有些较强的刺激，天灾人祸、遭遇挫折、人际关系紧张等，可引起剧烈的心理冲突和矛盾，精神创伤久久不能平复。此时，我们应该尽力去调控情绪，让身心竭尽全力地保持一种愉悦的状态，因为幸福生活的本质就是愉快的基础情绪。

美国奥运会冠军威尔玛·鲁道夫出生在田纳西州圣伯利恒。因早产，所以幼年的她身患多种疾病，包括肺炎、猩红热。她还患有小儿麻痹症。在她6岁时，由于左腿不能正常使用，她开始系着固定腿的金属绷带。

威尔玛出生在一个非常贫穷的非洲裔美国人的大家庭之中，有兄弟姐妹22人，她排行二十。虽然家境贫穷，但她跟家人却非常乐观。由于她绝大部分时间都在生病，因此一直由哥哥姐姐们照顾，他们每天晚上为她按摩那条残疾的腿，大家都坚信：必须设法摆脱腿上的绷带，她才能跑。

每周，她的母亲开车把她送到一位专治腿的医生那儿去治疗。医生当时对她的母亲说："你的女儿将永远不能行走了。"但母亲跟她说："你的腿会好，只要你每天开心，相信就会出现奇迹的。"在家人的关心和细致照料下，终于在她九岁的时候，不再需要金属护腿绷带。

威尔玛很高兴，因为她终于能够跑步了，也能像其他孩子一样玩耍了。在她11岁的时候，她的哥哥在后院树立起一个篮球架，自那以后，她爱上了篮球，每天都要打打篮球。很快，她成为博特中学的女子篮球队的队员，并在那场比赛中得到了49分，这打破了田纳西州的纪录。在1960年罗马奥运会的女子100米决赛中，当她第一个撞线后，赛场上掌声如雷，人们纷纷站起来为她喝彩，齐声喊着这个美国黑人的名字——威尔玛·鲁道夫。

俗话说"笑一笑，十年少；愁一愁，白了头。"人在快乐的时候，身体各部分的功能会增强、呼吸通畅、胃口大开；人在闷闷不乐或发怒时，机体各部分也好像受到"压抑"、呼吸不畅、食欲不振。这说明，心情愉快有益健康，忧愁发怒有损健康。那么，我们该如何保持愉快呢？

1. 要养成乐天的性格

为使自己经常保持愉快的情绪，首先要把自己培养成一个乐观、风趣、幽默、诙谐、性格开朗的人。处世要心胸开朗，待人要宽厚为怀。任何事要拿得起、放得下，当机立断。我们不可能每一件事情都做得那么恰当，即使做错了，吸取经验教训就行了，不必"想不开"。

2. 保持适度的紧张

现代科学研究认为，适当的紧张是健康所必需的。适度的紧张不仅可使人们的生活富有节奏和情趣，而且能发挥潜能，使身心达到最高效率状态，从而能获得较高级的身心和谐和健康的人格。要"有张有弛、有劳有逸"，调节适度可获得最佳身心和谐状态。

3. 制订一个有规律的作息制度

在日常生活中，应制定一个有规律的作息制度，该休息的时候休息，该工作的时候工作，不要过度疲劳，应和生物钟相吻合。这样才有利于神经系统能量的代谢，有利于神经递质的储备，从而能使神经系统功能协调、注意力集中、工作效率提高。当一切规律起来，人们的心情也会更加愉悦。

4. 做一个有趣味且幽默的人

那些能够愉悦我们的身心，令我们享受生活的事物，都充满了善良的道德感，能够愈合我们心灵的伤口。没有人因为幽默而遭受损失，倒是很多人因为它而生活得更好了。和面包一样，趣味和幽默也是维持人类健康必需的基本食物。所以说，我们应该时常保持幽默的本性，让自己活得更愉悦。

5. 让每一天的好心情都成为习惯

习惯以好心情作为每一天的开始。你可以在早上醒来时看着你的丈夫或者妻子，然后（虽然有点夸张）说："早上好，亲爱的。你今天看起来真不错。"你还可以走到窗边，望向窗外，然后用美妙的男中音或女中音唱道："啊，多么美妙的早晨啊。"让快乐从内心传出，让自己用心制造更多的幸福感。

心理悄悄话

　　情绪与心理健康之间的关系可以说是非常密切的，愉快而平稳的情绪能使人的大脑及整个神经系统处于良好的活动状态，能保持心理活动协调一致，使人对生活、工作充满活力、信心和乐趣，精力充沛、食欲旺盛、心情舒畅、睡眠香甜，也有利于工作的顺利开展。

第 03 章
从动作看情绪：言谈举止透露情绪秘密

面部的动作和表情是传达一个人内心活动的一种比较明显的途径，比如挠耳朵、眨眼睛、苦笑、深思等，当我们看到对方面部发生变化时，如果我们还无动于衷，感受不出什么，那我们该如何从中获取信息进行深入的交流呢？通过一个人的动作及表情判断对方心理活动和性格特点是一个人必须具备的基本能力。因为身体语言往往具有口头语言无法替代的作用。那么，具体该怎样去观察和判断呢？本章将会为大家进行详细讲解。

面部表情秘密多，要懂"察言观色"

一天下班回家，阿强将新发的工资递到了媳妇小敏的手上。小敏看到工资只有平时的三分之二，于是感到很奇怪也很郁闷，问道："老公啊，这不对啊，这次工资怎么少了这么多呢？这是什么原因？钱去哪了？"阿强脸上有些泛红，眨了几下眼，低着头说："最近公司效益差得很，工资发不下来，我们同事都只发了这些，没办法的事情……"不难看出，阿强的脸色变化、眨眼的动作都与平时大不一样，因此小敏完全可以从他的脸上"读"出阿强的谎言。

表情是除了语言之外十分重要的一种交流"语言"——它能够表达的信息并不比语言少。可以这么说，在人与人之间的交往中，表情是除了语言之外，传达信息和感情最多的一种肢体语言。观察别人的面部表情，往往比从对方的话语中更能清晰地了解对方的心理变化。

我们继续看下面这个例子：

战国时代，齐国人淳于髡是一位非常有才华的人，于是，梁惠王的一位宠臣便将其推荐给惠王。

惠王第一次召见淳于髡时，将左右亲信全部屏退，单独接见了淳于髡。但是，淳于髡始终都没有说一句话。惠王不解，但也没说什么。

没过多久，那位宠臣再次引荐淳于髡，惠王见宠臣如此器重此人，心想他必是个了不起的人，就再次接见了淳于髡，同样是屏退左右单独接见了他。可是，这次淳于髡还是始终都没有说一句话。

惠王非常奇怪，而且很生气，责备那位宠臣："你给我推荐的是什么人呀？我召见了他两次，可他连一句话都没说，莫非他是个哑巴？"

那位宠臣也不明其中的原由，便去询问淳于髡："惠王接见你两次，为什么两次你都没说一句话？"

淳于髡淡淡地说："我第一次见惠王时，他虽屏退左右，表面显得很诚心的样子，可他内心却一直在想着欣赏音乐；第二次见惠王，他内心则是在想着驹马驰骋的事。他的人在我面前，心却在别的地方，所以我才沉默不言。"

宠臣将淳于髡的这番话如实禀报惠王，惠王听后回想了一下，不禁大惊："淳于髡先生真可谓圣人呀！第一次接见他之前，有人献上歌女，我还没来得及欣赏，正巧淳于髡先生就到了，第二次接见他之前，刚好又有人献了一匹好马，我也还没来得及试骑，淳于髡先生又到了。我当时虽然屏退左右，但心思确实不在他那里。"

心里想的东西是可以从面部表情中呈现出来的，如果你能懂得窥探对方的表情，那你就能很容易把握住对方的心理，从而实现更完美的交际。从心理学角度来看，作为面相的最重要组成部分之一，表情就成了表达个人情绪最直接的渠道。也许你会觉得表情可以伪装，但不管它怎么丰富、善变、不可捉摸，我们都可以从它的背后探知动作者的真实心态。

那么，我们该如何透过表情来窥探对方的小情绪呢？这里，我们给大家介绍几种比较典型的表情，教大家认识其背后的意义：

1. 喜欢一直微笑着目视对方

有些人总是静静地听别人说话，并一直面带微笑地看着对方。其实这并不意味着他们赞同对方的观点，微笑通常只是掩饰其内心最得体的方法。这类人的个性通常是做事不露锋芒，不爱表露自己的真实想法，喜怒不形于色，谨小慎微，比较会处理人际关系。

2. 撒谎时容易面带慌张恐惧

如果撒谎者只是说了一个小谎的话，那么他的面部表情中可能没有太多恐惧。因为他心里有底，即使被识破了，也不会有太大的麻烦。但是，如果一个人撒的谎比较大的话，即使他极力地掩藏，一些高明的识谎者也能从他细微的表情中看见恐惧的信号。

3. 表情突然变得严肃起来

刚才还笑着交谈的对方，突然一脸严肃起来，这很可能是一种无声的抗议。因为对方听了你的话后感到非常不愉快。特别是女性，经常会使用这种方式。当不想再听这一话题时，不方便直接说"无聊"或"换个话题吧"，因此，表情才从笑脸转为严肃，委婉地表示不满。

4. 从眼睛鼻子嘴巴看对方的蔑视心理

蔑视的表情常出现在自命清高的人脸上，或是当一个人不认同其他人的观点时，鼻子歪向一侧，嘴角轻佻地上扬，嘴巴紧闭，眼睛斜视等都是蔑视的表情的特征。这种表情富有攻击性，能够刺痛人心。

🔊))) 心理悄悄话

平时，大家应该发现有这样一类人，不管他人说什么做什么，他都没有任何面部反应。没表情就是没感情吗？其实不然。因为内心的活动倘若不呈现在脸部的肌肉上，那就显得很不自然。越是没有表情的时候，越可能是掩藏着更为冲动的感情。

抓挠耳朵，表明其内心焦虑

张震是一个善于观察的人，他总能从周围人的动作中解读出其中的意思。有一次，张震在上班中抬头，无意间发现背对着他的莉莉正在紧盯着自己的电脑，手不停地抓挠耳朵。于是，张震走上去询问莉莉是否需要帮助。莉莉感到有些诧异，随后很高兴地说了自己的需求。原来，莉莉是一位新人，她对图像的处理还不够熟练，刚刚遇到了一个高难度的技术问题，自己想了很久也没想出解决方法，而这个问题在公司元老张震眼中不算什么，所以，很快张震就帮他解决了。

张震只是在背后看了莉莉一眼，怎么就知道莉莉遇到困难了呢？没错，就是莉莉不停抓挠耳朵的小动作泄露了她的内心。

从心理学的角度来说，人在内心焦虑的时候会有一种坐立不安的动作，这些动作可能是不停地挠头，也可能是不停地抓挠耳朵。

人们在紧张、焦虑、不自信或考虑问题等多种时候都会不自觉地摸耳朵，说谎时也会，就像挠头皮一样自然，也就是这些很自然的小动作道出了连自己都还没有发现的秘密。正所谓"说者无心，听者有意"，做者无心，看者有意，透视心理的人往往善于观察小动作。

李阳在某家公司做空调推销工作，最近，他遇到了一个难题：在向某公司推销空调时，公司负责人把决定权交给了一名技术顾问——李老师。经过考察，李老师私下表示，两种厂牌，各有优缺点，但在语气上，似乎对竞争的那一家颇为欣赏，李阳知道问题出现了。于是，他准备进行最后的努力，于是，他找了个机会，口沫横飞地辩解他所代理的产品如何的优秀，设计上如何的特殊，希望借此改变李老师的想法，谁知道，在他讲述的过程中，细心的他发现了李老师的一个小动作——用手不停地抓耳朵。李阳明白，这个动作是不耐烦的表现，于是，他赶紧改变谈话策略，说："李老师，真对不起，今天打扰您很久了，我只顾着说，也忘了问您是不是还有事？要不改天我再来拜访您？"听李阳这么一说，李老师立即停止了抓耳朵的这一动作，并且主动提出："那行，下周一下午我有时间，你再来我办公室谈吧。"

于是，李阳重整旗鼓，再次拜访李老师。见了面，他一改自己的说话习惯，对李老师说："李老师，今天我来拜访您，绝不是来向您推销。过去我读过您的大作，上次跟老师谈过后，回家想想，觉得老师分析的很有道理。老师指出我们所代理的空调在设计上确实有些特征比不上别人。李老师，您在××公司担任顾问，这笔生意，我们遵照老师的指示，不做了！不过，李老师，我希望从这笔生意上学点经验……"李阳说话时一脸的诚恳。

李老师听了后，心里又是同情又是舒畅，于是带着慈祥的口吻说道："年轻人，振作点，其实你们的空调也不错，有些设计就很有特点。唉，我看连你们自己都搞不清楚，譬如说……"李老师谆谆教导，李阳洗耳恭听。

这次谈话没过多久，生意成交了。

一般而言，抓挠的动作都表示内心的焦虑不安，挠耳朵亦有这个含义，经常会在某种紧急情况下出现，如当考生在考试时间即将结束的前夕，就经常会做出这个动作，显示了他内心的紧张和不安。因此，面对这种情况，我们应该懂得从中窥探出对方的心理，及时给予帮助，或者是灵活转变当下的交谈对策，这样，你才能做好交流工作。

那么，挠耳朵到底能看出对方什么样的情绪呢？

1. 思考问题

很多时候，有些人在思考问题时总是下意识地摸摸自己的耳朵。摸耳朵这个动作代表的意思是"我正在想"，不过，这是一种因为不同意你的观点而引发的思考。因为不认同你的想法，所以，他正思索着自己的观点，并酝酿着将其表述出来。

2. 内心紧张不安

和触摸鼻子的手势一样，抓挠耳朵也意味着当事人正处在焦虑的状态中。很多人在步入宾客满堂的房间或者经过熙攘的人群时，常常做出抓挠耳朵和摩擦鼻子的手势。这些动作显示出他内心紧张不安的情绪。

3. 心理上的抗拒

若对方用拇指和食指不断摩擦自己的耳朵，并将脸转向一侧，说明他对这个话题不感兴趣，正以摩擦耳朵的动作表示抗拒。其实，这个动作的雏形，是儿时为了逃避不想听到的命令，用手堵住自己耳朵的举动，成年后，为了保留他人的颜面，才演化成了摩擦耳朵。

心理悄悄话

摸耳朵也是小孩子撒谎时常做的动作。除了摸耳朵之外，也有的孩子会揉耳背、拉耳垂或把整只耳朵拗向前面掩住耳孔。之所以这样做，一是下意识地为了掩饰紧张，二是自己或许也怕听到自己的谎言。

看懂眼神，打开对方心灵的窗户

有句话说的好，"眼睛比嘴巴更会说真话"。我们不仅能从眼中看到纷繁美丽的世界，还能窥探到他人的内心。不管对方心里打什么小算盘，总是可以从眼神中透露出来的。朋友们，眼睛是心灵的窗户，想要猜透对方的心思，那你就要懂得眼睛里的秘密。

三国时期，魏国曾派一名刺客到蜀国刘备那里，想借机将刘备除掉。这个人来到刘备这里后，并没有立即下手。因为他知道如果太过莽撞的话，很可能难以得手，毕竟刘备手下能征善战的勇士很多，身边又有很多护卫。所以，他第一步要骗取刘备的信任。如果能借机接近刘备，那么这次行刺的计划就能很顺利地完成。为了博取刘备的信任，此人假装和刘备探讨当今天下局势。说到蜀国的未来，他向刘备献计，告知自己的想法，这般如此地说了一大通。因为此人来自魏国，所以对魏国的情形比较了解，所讲的内容多数中肯，刘备听了觉得很有一番道理，于是也慢慢地靠近了这名刺客，就在该刺客觉得时机将要成熟的时候，诸葛亮走了进来。此人一看诸葛亮走进来，就借故离开了大厅。此人离开大厅后，刘备就很高兴地对诸葛亮说："这个人对我们消灭曹魏将起到很关键的作用，刚刚听他的分析，对魏国的军事、国情都非常了解，分析问题也是鞭辟入里，如果将他笼络到自己帐下，那大事就不愁了。"诸葛亮笑着对刘备说："不然，我看此人并非实意，他一看见我进来，就和先前的泰然自若截然相反，畏畏缩缩，慌慌张张，而且眼角低垂，流露出很明显的忤逆神态，一看就知道必定是个奸邪小人，有可能是一名刺客。"诸葛亮平日里料事如神，刘备对他也是言听计从，听他这么一分析，赶紧派人去寻。哪知此人已经逃跑。

"眼睛是心灵的窗户"，通过观察一个人的眼神，就可以把一个人的内心看得清清楚楚。一个人的眼神，在一定程度上可以反映他的性格。要想知道一个人是邪恶还是正直，再也没有比观察眼睛更直接、更快速、更准确的方法了。眼神很难掩饰，是善是恶是很容易看出来。

深层心理中的欲望和感情，首先反映在视线上，视线的移动方向、集中程度等都表达了不同的心理状态。观察视线的变化，有助于人与人之间的交流。爬上窗台就不难看清屋中的情形，读懂人的眼色便可知晓人们的内心状况。

眼神是交流信息的一个渠道，如果你不能通过眼神传达或接收思想，那你就很难灵活地与人交际。"眼睛是心灵的窗户"，与人交流，一定要多学习透过眼睛识人的技巧，这样你才能得知对方的真实思想，把话说得恰到好处。

1. 眼睛里透出一种冷冰冰的感觉

有一颗冷酷无情的心，那么眼睛也会给人一种冷冰冰的感觉。有的人心眼虽然很好，可是两眼看起来却冷若冰霜，例如，理智胜过感情的人、缺乏表情变化的人、自尊心过强的人或性格刚强的人身上往往有上述现象。这种人很容易被人误解，这是十分不利于工作和生活的。

2. 总是不自觉的转动眼睛

眼睛不规则地乱转，视线总是避免与人接触。这表示对方对你心怀鬼胎，不安好心，或者是他的行为、举动有愧于你。如果发现对方与你说话时，眼睛不敢接触你的目光，那么，你就要格外地小心了。

3. 说话时挤眼睛

挤眼睛是指一个人仅用自己的一只眼向对方传达信息，这表明了双方的默契，或者是告诉对方："我们拥有共同的秘密，而他人不会知道。"在社交场合中，两个熟识的人互相挤眼睛，则表示他们对某件事有一致的看法。

心理悄悄话

想要得知对方内心深处的思想和情感，你首先应该观察的就是他的眼睛，眼睛能最直接、最迅速的表达心灵。视线的转移、停留、位置等都能看出一个人的内心世界。观察一个人的眼神，有助于人与人之间的和谐相处。

从习惯动作看对方的小心思

每一个人都会有些与众不同的习惯性小动作，这种小动作被形象地称为"身体语言"。比如，有人喜欢挠耳朵，有人喜欢咬嘴唇，有人喜欢摸肚子，有人喜欢皱眉头……或许大家觉得这些只是一些生理习惯而已，其实你真的小瞧了这些习惯，因为这些小习惯里面暗藏着很多的心理秘密。你可以通过习惯动作窥探到对方的心理，同样，稍不留神，你的习惯动作也会被他人研究。

浩宇现在是越来越崇拜自己的妻子乐乐了，因为，他发现每次他撒谎的时候，乐乐总能看出来。

一个礼拜五的下午，浩宇想起来好久没有跟一帮哥们儿们聚了，就打个电话给乐乐说他晚上要加班，下个礼拜一要赶着交差呢。乐乐答应了，叮嘱他不要工作得太晚。

浩宇这可高兴坏了，赶紧打电话找了四五个朋友去喝茶打麻将了。这个晚上过得可真开心，没人唠叨，没人不让抽烟，没人老拖着你跟她一起看无聊的肥皂剧。为了到家好跟乐乐交代，浩宇咬咬牙一口酒也没喝。

差不多十一点，浩宇准备走了。走的时候还专门检查了一下身上有没有什么蛛丝马迹，彻底检查完了之后，浩宇进家门了。乐乐已经睡了，他也就赶快睡觉了。浩宇想，乐乐还挺好骗的，下次还用这招。

第二天早上吃早饭的时候，乐乐问："昨晚累坏了吧，工作都忙完了吧，不管多忙你可得注意好身体，别太硬撑了，加班的时候注意吃饭。"

浩宇说："是啊，最近公司事太多了，累得我够呛。"

乐乐忽然笑了，说："老实交代吧，昨天晚上到底去哪鬼混了，还想骗我？"

"哪有，我就是加班啊，你不信问我同事，真的，没骗你啊。"

"好，可以，我这就给你公司同事打个电话问问。"

浩宇只好承认了："哎呀，让你问你还真问啊，我招还不行吗？不好意思啊老婆，我昨晚跟我那几个兄弟聚了聚，没加班，怕你不高兴才撒谎的。"

事情败露的浩宇闷闷地吃着饭，他知道自己今天一天只能靠陪乐乐逛街赎罪了，不过心里还是直犯嘀咕：女人的直觉可真准啊！

乐乐看着浩宇疑惑的表情，偷偷笑了，其实她一点都不知道昨天浩宇骗她了，不过在今天早上随口问他的时候，浩宇摸了好多下鼻子，这才让乐乐起了疑心。因为浩宇一紧张，他的小动作就是摸鼻子。

手舞足蹈说的是人高兴的手足动作，抓耳挠腮说的是人着急时候的样子，张牙舞爪说的是人凶恶的表现……从中不难看出身体的动作作为表达情感的辅助工具，也可从中窥出一个人的性格特征。所以要想深入了解他人的真情实感，可以从细心留意他们的一举一动入手。这里，我们为大家介绍几种典型的习惯动作：

1. 特别喜欢"摇头"或"点头"

经常"摇头"或"点头"以示自己对某件事情的肯定或否定看法。他们在社交场合很会表现自己，看似左右逢源，却时常遭到别人的厌恶，引起别人的不愉快。但是，经常摇头或点头的人，自我意识强烈，工作积极，看准了一件事情就会努力去做，不达目的誓不罢休。

2. 说话时弹烟灰或玩弄其他物件

当你去朋友家做客时，虽然主人依旧和你像往常那样天南地北地神侃，但是如果你发现他不停地弹烟灰或者用手指轻敲椅子扶手，或者不时移动一下桌子上的东西，那么，此时你最好站起来告辞，因为，他开始感到心烦意乱，提醒你该走了。

3. 喜欢直盯着别人看

这种人性格中的支配欲望特别强，因此一旦有机会，他就会向别人展示自己。同时，他们不喜欢受约束，经常我行我素。好在这种人比较慷慨，因此他们周围总会聚集一些朋友。当然，有真心的，也有看中"酒肉"的。

4. 说话时爱捂嘴

有的人，在与人交谈时，经常会下意识地捂住自己的嘴，这是害羞情绪的表现。这样的人，不善于在别人面前展示自己，害怕出状况，所以经常会用这样的小动作来掩饰自己内心的不安。

5. 喜欢抖动腿部

喜欢用腿或脚尖使整个腿部颤动，有时还用脚尖或者脚掌拍打地面，这样的人很会懂得自我欣赏，有一些自恋情结。但他们比较封闭和保守，在与人交往中会有所保留，并且不太容易与他人建立良好的关系。

))) 心理悄悄话

人的习惯与其心理、性格之间的关系非常密切，它们深深地揭示了性格的原本面目，是性格的一面镜子。只要留心观察，我们便不难发现，人们的许多秘密都是从习惯动作上流露出来的。正如托尔斯泰所说："习惯是开启心灵的钥匙。"

所有的笑容都心怀善意吗

笑容的力量是无穷无尽的，比如达·芬奇举世闻名的画作《蒙娜丽莎》，画像中蒙娜丽莎的神秘微笑，让人看后顿觉心情舒畅，对她产生好感。一个拥有无穷魅力的人，一定也是一个能时时展现出迷人笑容的人。此外，笑容也是一种传达内心情感的途径，如果你想深入了解对方，想明白他此时的心情如何，不妨试着从观察他的笑容入手。

李雷是一名推销员，主要从事健身设备这一块。

有一次，李雷来到一个小区推销他的产品。到了第一个客户门前，他刚按响门铃，门还没打开，就听到一阵爽朗的笑声从门里传了出来："哈哈！谁敲门呢，好像有客人来了？"

主人打开门一看，发现是个陌生人，并没有觉得吃惊，而是微笑着问他有什么事。李雷作了一番自我介绍后，那位客户就一脸微笑地把他请进家门，并给他倒了一杯果汁。

喝完果汁后，李雷开始暗中观察这位客户。他发现这位客户身宽体胖，脸上总是挂着笑容，想起他刚才那爽朗的笑声，李雷认为这是一个性格开朗乐观、热情好客的人，可以适当地跟他开开玩笑，如此一来，就可以打破谈话的僵局。

于是，李雷面带笑容地说道："大哥，我看您像是一尊佛，您的肚子里面肯定放了不少开心事，您一直笑哈哈的，一看就是大富大贵之人啊！"

客户听李雷这么一夸，马上拍着自己的肚子哈哈大笑起来："哈哈，您真是过奖了，我怎么能跟佛相提并论呢，我确实是天天乐呵呵的，但是我的大肚子里装的却不是别的，是脂肪啊，哈哈哈。"

李雷见时机成熟，便趁机说道："那也没关系，如果您信得过我，我可以帮您推荐一款健身器材，保证一段时间后您的多余脂肪就会被甩掉，您的身体会更强健，您的笑声也会更爽朗。"

李雷的一番话正合顾客的心意，谈到最后，那位客户果然同意购买一套适合自己的健身器材。

有的人习惯爽朗地笑，这说明他不是有着十分乐观的性格，就是一直生活得比较富足美满。所以通过观察分析一个人的笑容，我们也可以从中读出他的性格特征和心理变化。案例中，李雷就是通过观察客户的笑容揣摩到对方的心理的。

在所有的表情中，笑可以说是一种最受人欢迎、最美丽的表情。可是，我们应该注意，并不是所有的笑都是美好的，都代表着一个人的善意与舒心，有时候，笑传达的却是一种负面心理，可以说只是一个表情而已。无须赘言，从我们平时所用的词汇就能明白，比如奸笑、坏笑、傻笑等，这些笑容肯定不是单纯表达喜悦的。所以大家应该留意，这样才能对对方的心情做个准确的判断。

关于笑容，有以下几种类型需要我们注意：

1. 哈哈大笑

这是从肚子里发出来的一种笑，拥有这种笑的人性格开朗、不自卑、不保守，愿意冒险，他们常使别人感到开心，也愿意与别人相处。因此，这类人一般富有同情心，拥有良好的人际关系。对于周围人遇到的困难，他们会在自己力所能及的范围内给予适当的帮助。

2. 苦笑

苦笑是人们对身处的现实表现出的懊恼，以及不得不低头接受的无奈，内心深处的酸涩溢于言表。看到身边人笑的时候伴有摇头的动作，说明目前此人的情绪正处低落状态或遇到了为难的事情，我们应尽量给以抚慰或伸出援手。

3. 皮笑肉不笑

皮笑肉不笑，这种笑容是一种假装的笑容，这是一个人为了敷衍别人的笑话或者是假装表示认同对方的言行时所露出的表情。当人们为了隐藏自己的真实情绪，不想让交流对象觉得自己冷漠时，就会努力用笑容表示应和，但是却表现得很勉强。

4. 随时切换笑容

那种在露出笑容之后，立刻又板起面孔者，是相当难缠的人，不可忽视，因为一般人因内心的欢愉发出微笑后，笑的余韵必然会残留在脸上，慢慢地退去。而那种不管何时笑容都能说来就来，说去就去的人，说明他极有心机，乃是需要加强防范的人物。

心理悄悄话

脸上挂笑容，不仅愉悦身心，还能给人留下一个好的印象，拉近彼此的距离。所以说，我们应该时常面带微笑，让周围的环境变得更加和谐、温馨。有人把笑容比作是内心的门面，是人际交往的润滑剂，其实不无道理。

小小坐姿背后暗藏的秘密

一个人的坐姿，不仅能反映他的惯常的性格特征，而且也能反映他此时此刻的心理。美国一位身体语言学家指出，人的身体是一个奇妙的信号发射台，每一个动作都将构成丰富多彩的身体语言。而坐姿也是人类身体与外界沟通的一种途径，它反映出一个人的心理动向。

浩然是一个大型公司的董事长，公司是父母辛勤创下的基业。父母年纪大了，不想再管理公司的事务了，于是就把一切权力和事务交给了浩然。在他参加的第一次董事会上，他发现每个股东都有着不同的性格。

总经理王志远在开会时常常正襟危坐，浩然判断他是一个为人坦荡真诚的人，而事实也的确是这样。王志远在做事时总是有条不紊，有时也爱较真，对员工要求严格，凡事都力求完美。因此，他会因为自己的性格而拘泥于形式，缺乏灵活性。虽然从外表看来，王志远有些冷漠，但这是假象，其实他是个热心肠的人。

而财务总监林韵坐着的时候，会把她的双脚伸向前方，并且把脚踝部交叉。在双脚相碰的同时，她的双手会自然地放在膝盖上。浩然以此判断出她是一个喜欢发号施令，天生有极强嫉妒心的女人。所以，在公司里，她总是很难与其他员工和谐相处。后来，浩然也证实了这一事实，员工们都反映林韵常常对他们无缘无故地发火，员工们都对她有一种恐惧心理。

还有一位年轻的设计师张子扬，他常常在开会时不停地抖动双腿，而且还喜欢踮起脚尖使整个腿部抖动。浩然心想，这个人绝对是一个自私自利的人。后来，从父母那里得知，自从他设计的作品获奖以后，张子扬就变得自傲起来，对他人吝啬，对自己却很纵容。但是，他善于思考，设计有个性，有创新思想，是设计业的天才。

在董事会里还有一位元老级的股东李民浩，在浩然父母创业的时候，他就一直在背后出谋划策。他在开会时常常敞开手脚而坐，这与他个人的性格也有直接的关系。因为他总爱指挥和支配他人，有掌管一切的想法。当然，由于是功臣和前辈，员工们也都很尊敬他。然而，不可否认的是，李民浩有着丰富的社会经验和管理经验，是公司难得的"守护神"。

日常生活中，每个人的坐姿都各有不同，不一而足。每一种坐的方式似乎都是无意的，但就是从这种貌似随意的动作之下，就可以解读出不同坐姿所蕴含的不同性格和心理状态。因此，如果你能了解坐姿背后的秘密，便可以洞悉对方的心理。

总之，人们坐着时会有不同的姿势，那么，通过这些不同的坐姿，朋友们能看出其什么样的心理呢？

1. 坐姿非常端正

正襟危坐、目不斜视给人的感觉是威严、严谨，力求完美，办事周密而讲究实际。做事上，这种人只有在已经有十成把握的时候，才会采取具体行动，所以，他们做事很少因为冒进而造成失败，却常会因为过于求稳而错过最佳时机。

2. 把腿放在椅子扶手上

这种人想借椅子获取支配与控制的地位，同时也希望借椅背来保护自己，因为椅子的后背不仅能保护身体，还会让骑跨在椅子上的人产生挑衅与支配的欲望。有这种习惯的人一般行为相当谨慎，能够在不引起他人注意的情况下，完成从正常坐姿向骑跨坐姿的转换。

3. 大腿分开，脚跟并拢，双手置于腹部

习惯于这种坐姿的人往往有勇气和决断力，敢于追求新鲜事物，也敢于承担社会责任。他们大多有领导般的威严，别人因此而尊重他们。他们大多能够承受生活的压力，泰然处之。在感情方面，他们大多表现得积极主动，但独占欲望较强。

4. 喜欢侧身坐在座位上

这种人可能只为了心里舒畅，并不想刻意给他人留下什么好印象。他们往往是感情外露、不拘小节者。这种人往往自卑感较重，谦逊而缺乏自信，大多属服从型性格。

5. 坐着时身体前倾、直视他人

对方采取如此坐姿，对我们来说是一个极好的现象。如果在应聘，说明我们的话题引起了他的兴趣，如果在相亲，说明谈吐引起了对方的好感；如果是在谈生意，恭喜，说明对方已经产生了签单的愿望。

心理悄悄话

朋友们，坐在座位上，切忌将大腿并拢，小腿分开。此外，也不要随意地晃动双腿，这都是不礼貌的行为。不管你是男生还是女生，两腿分得很开都是不雅观的行为，尤其是穿裙子的女生。大家一定要谨记。

第 04 章
语言表达情绪：通过语言揭示真实情绪

　　想要窥探对方的内心并不是无法可寻，听对方的话语便可有所收获。语言能表达情绪，把握好对方话里的意思，你就能巧妙地看清他的真实情绪。如果你在说话过程中仔细倾听，你会发现说话方的感情或意见都在他的话里表现得清清楚楚。也许这些并不包含在他所说的内容里，但是一定包含在他的说话方式中。只要仔细揣摩，我们就可以通过对方的语言，看穿他的情绪。具体如何做，我们将会在本章进行详细讲解。

会听弦外之音，摸清对方心思

中国人说话讲究含蓄，想要表达的意思，不直接说出来，而是通过话里有话的方式，委婉地表达出来：这就要求倾听者仔细揣摩，不仅要听字面的意思，还要听出对方的言外之意。只有这样，你才能领会对方的真实意图，从而作出正确的反应。朋友们，如果你过于耿直，不能巧妙分辨对方的言外之意，摸清对方的情绪，那你就很容易惹到对方，让他反感你的愚笨。

李杨是某家杂志社的编辑，有一次，李杨约作家阿来为刊物写一篇稿子，恰巧编辑部召开会议，于是便也邀请了阿来。阿来刚一进会场，李杨就冲了过去："哎呀，好极了，好极了，我一直在等您给我稿子！""坏了！"阿来一拍脑袋，拱手说，"实在是不好意思哈，走得急，我把稿子忘在家里了，今天没带过来。"接着又拍拍李杨的肩膀："要不这样，我跟你定个日子，明天中午十一点左右，你找个人过去拿吧，行不？""没事，不要紧！"李杨一笑，"其实不用这么麻烦，待会忙完，我开车把您送回家，顺便把稿子拿回来就可以了。"阿来一怔，也笑笑："还是算了吧，等会儿我还有事，应该是不回家，明天吧，明天就可以！"此时，阿来心里已经感到反感了，但是李杨却怎么也听不出他的话音。

座谈会结束后，李杨到停车场开车回家。转过街角，他看见阿来和另一个作家尼克在等出租车。李杨摇下车窗热心地问："嗨，这么巧，你们是去哪呢？"尼克说："哦，我跟阿来回他家一趟。"李杨一听，马上停下车将阿来和尼克拉上车，边开边说："哎呀，这不正好嘛，我把你们送回去就是了，还等车干什么，再说，我还可以顺道去拿稿子。""我家巷子小，尤其一到这假日，车停得满满的，不容易进去。"阿来拍拍李杨说："好了，您把我和尼克放在巷口就可以了，挤进去太麻烦了，实在是没必要，要不这样吧，明天中午我亲自把稿子给您送去，这样您也不用跑一趟。"谁知李杨说自己顺路，一定要去，他硬是转过小巷子，一点儿一点儿往里挤，开到作家阿来的门口。"哎呀，我回去还得找稿子，太耽误时间了，这里不好停车，别划了车。还是明天吧。"阿来有点儿着急了。"没事没事，您不是说放在桌子上吗？"李杨回答。正说着，后面的车子已经打响喇叭催促了。"你还是别等了吧！"阿来一拍车窗，不好意思又心烦地说，"哎，实话跟您说吧，那稿子我还没写完，实在是不好意思。"李杨这才明白过来，闹了个大红脸。此时，他才感觉到阿来的心情并不是很好。

人在交流的过程中其心里的真实想法会在不知不觉中流露出来，而一个聪明的善于观察他人心理的人，不仅能够听懂对方表层所表达的意思，还能够从对方的言语中听出其心中所隐含的意思，即弦外之音，把握对方的真实意图。很显然，案例中的李杨就没有做到这一点。面对阿来的一次次推脱，面对阿来面部表情的变化，他仍旧一味地催促对方，可见他根本没有明白对方想说的话，没有把握住他的情绪，最终只能尴尬收场。

所谓言由心生，有些人总喜欢话里藏话，把自己的心思隐藏在言语中，旁敲侧击试探别人或是给人设下各种圈套，等人来钻。如果你不会分辨真假，听不懂这些弦外之音，就不可能懂得对方的心理，这很容易让你处于被动状态或做出一些错误的决定。朋友们，想要从言语中获取对方的真实意图吗？想要从言语中听出对方的情绪吗？如果你有这方面的需求，不妨参考一下以下几点：

1. 注意观察对方表情的变化

有的人对自己的喜怒哀乐从不掩饰，有的人习惯于不动声色地掩饰自己的情绪，所以，我们在与别人交谈的时候，要学会从表情中观察对方的真实需求，比如，同事面对你的诉说，他表示"我当然也很关心"，但脸上却分明显得很漠然，这时你应领会到他不耐烦的情绪。

2. 从行为动作琢磨对方话语

平常说话速度正常的人，如若突然加快语速，或者遇到说话结巴等问题，你就要留意他的话。对方说话时如若是逃避眼神接触，下意识地掩嘴或遮住脸上其他部分，不断变换姿势、敲手指等，你就要琢磨他说的话了。

3. 注意他们谈论的感兴趣的事情

要想透过表面的东西去了解一个人的性格特征和兴趣，可以从他们的话题入手。注意他们谈论的自身感兴趣的事情，就会发现他们所表现出来的某些性格特征。也就是说，人们的一些平日不为人所知的情绪会从某个话题中呈现出来。

心理悄悄话

假如你想了解一个人，那你就要学会从他的话里认识他，此时，你要听的话是他含在嘴里的那部分，而不是说出口的那部分。一般而言，人们是不会随意把自己的最真实的想法告知大众的，但这些隐藏于心的想法其实是可以通过其他渠道展现出来的。如果你想真正地了解他，做一个聪明的听者去听他的弦外之音即可。

从语速快慢辨清对方情绪的变化

生活中大家经常会遇到这样的情况，某人平时能言善辩，突然结结巴巴说不出话来，或者某人平时木讷，突然滔滔不绝地说一大堆话。这是为何呢？其实，这主要是因为他们内心的思想在发生变化，因为语速的快慢是反映一个人情绪变化的明显方式。所以说，在与人打交道时，如果你没看明白他的心理状态，那就不妨从他说话语速的快慢来研究，相信他的情绪定会从中流露出来。

王磊是某个部门的新人，他是一个大大咧咧的年轻人，每天早上工作的第一件事就是哼着歌曲为每个人冲杯咖啡，他还有一个爱好就是常常在那些女同事们面前卖弄他的不凡见识。尽管大家都知道他在吹嘘，但他为沉闷的单位带来了不少欢乐，所以大家还是喜欢听王磊扯淡的。

一天早上，王磊在说话的时候突然有了些变化，虽然还和以往一样滔滔不绝，并且嘴里不停地哼着摇滚乐曲，但听得出来，他的语速变得有些生涩，不像从前那样流利了。而且，那首被王磊早就哼烂了的曲子，今天他哼着哼着竟走调了。由此同事阿海断定他一定发生了什么事。

阿海："嗨，王磊啊，昨天晚上那场球赛看了没？德国队表现得真是太棒了，不过真是可惜，我支持的是巴西队。"

王磊明显错愕了一下，但他随即就掩饰过去了："哦，是吗，我没有看呢，真是可惜，昨天晚上我比较乏，吃完饭就睡了。"

阿海："天啊，你竟然没看啊，真的是好可惜，昨晚的比赛真的是很激烈啊。对了，你昨天干嘛了，这件大事都能错过，我记得之前你可是每次比赛都很用心的啊。"

王磊："没什么，什么也没干，就是感觉挺累的，然后喝了点酒就借着酒劲迷迷糊糊睡着了，所以就忘了。"

王磊的话，阿海肯定是不信的，其实，阿海也没有猜错，王磊确实是心情不太好。前一天晚上的时候，王磊和他的女朋友闹矛盾，两个人吵得不可开交，最后女朋友甩手而去，于是王磊心情很槽糕，气得自己喝了点闷酒。以至于今天一天王磊都心事重重。

语速主要指说话的快慢，也就是韵律或节奏问题。语速与心理活动联系密切，一般来说，当人比较懈怠或安逸时，语速较缓；当人情绪波动较大时，语速就会明显加快。语速与心理情绪密切相关，通过观察对方的说话速度和语气，我们可以将他们看得更透彻。

不要小瞧这个语速问题，这并不是一种普通的现象，它能折射出一个人的内心世界，想要读懂人心，你必须学会听出一个人说话时的变化。"语速快慢背后包含着很多重要的信息，而最重要的信息就是它能够直观地反映出一个人的心理特征。"这就是心理学家约翰·布鲁德斯带给人们的最大启示。把握好语速的变化，你就等于把握住了对方情绪的变化。

1.伶牙俐齿的人突然放慢语速

如果一个平时伶牙俐齿的人，当他遇到某个人的时候，突然将自己的语速放慢，说话吞吞吐吐，反应迟钝，可能是因为自己犯了错误、心虚或底气不足，也有可能是有什么事情瞒着对方，放慢语速是希望对方听不出什么，不会引起对方的怀疑。

2.面对攻势，对方突然变得含糊其辞

在面对别人伶牙俐齿、咄咄逼人的凌厉攻势时，一个人如果含糊其辞，或三缄其口，表现出一副唯唯诺诺的样子，则说明这个人很可能产生了卑怯心理，对自己缺乏信心，或者是对方的话一语中的，正好说到了点子上，一时令他难以反驳。

3.慢吞吞的人的语速变快或支支吾吾

一个平常说话慢慢悠悠、不急不躁的人，面对一些人对他的指责、诋毁，如果用快于平常的语速大声地进行反驳，那么很可能这些话都是对他的无端诽谤；如果他支支吾吾，半天说不出话来，那么很可能这些指责就是事实，说明他自己心虚、底气不足。

4.对方说话变得慢声细语

通常来讲，慢声细语往往会让人感觉亲切、自然。对方这一转变的目的可能是渴望成交，或者是想要中断商谈。此时，你一定要根据具体的情况，判断出对方的真正心理。如果是客户具有成交意向，自己就应该尽快提出；否则，就应该礼貌地提出告辞。

5.沉默的人突然口若悬河

有些平时沉默寡言的人，如果语速突然变快并且口若悬河，这或许是由其极大的心理压力造成的。心理学认为，性格内向的人要么不爱说话，要么就说个不停，因为长期的内向性格积累了一定的心理压力，在寻找到适合的倾诉对象时，他们往往会狠狠发泄一通。

心理悄悄话

如果面对他人语速的变化，你依旧没有任何反应，那你真的需要自我反省一下了。在交谈中，如果不懂得揣摩对方的心理，那你真的是很难实现愉快的沟通，因为你无法把握对方的意向，所以很有可能撞到枪口上。

辨清反话，明白对方心里想什么

楚国名相孙叔敖是世人皆知的好丞相，一身清廉，没有贪过百姓的一分钱。当初他在位时，知道优孟是个能人，就经常帮他说话，替他引荐。

孙叔敖死前，告诉自己的儿子："家里积蓄不多，你们一定很难维持生活。如果实在撑不下去了，你们就去找优孟，说是我的儿子，他就会帮你们的。"几年后，孙叔敖的儿子果然变得非常贫穷，即使辛苦劳作也只能勉强度日。

无奈之下，孙叔敖的儿子找到优孟，说明原委。优孟知道后就让他穿上孙叔敖生前穿过的衣服，并学习孙叔敖的谈话举止，一年之后，孙叔敖的"翻版"就诞生了。

在一次君臣之宴上，优孟带着孙叔敖的儿子一起出席。楚王和所有的群臣几乎都惊呆了，以为是孙叔敖复生了。楚庄王知道是孙叔敖之子后，非常高兴，就想招他为相。优孟却说："他要回去和妻子商量一番，两日后答复大王。"

两日后，优孟前来告诉楚王："他妻子不同意他做丞相。"楚王问："为何？"优孟说："当年孙叔敖为宰相的时候，为楚国鞠躬尽瘁，尽忠职守，辅佐楚王完成了霸业，死后自己的子孙却穷困潦倒，落得靠卖苦力为生。所以，他的妻子就认为，当贪官虽然有好日子，但是早晚会遭灭门之灾，当清官也不行，会让老婆孩子受穷。因此，官是做不得的。"

楚庄王听了这些话，悔之不已，觉得很对不起孙叔敖。于是，就召见了孙叔敖的儿子，把孙叔敖陵墓周围四百户的土地都封给他作为祭祀之用，而且这些土地一直延续到孙叔敖后代十世之久。

优孟巧说反话，楚庄王聪慧识别反话，一个难题就在这反话中顺理成章地解决了。其实，任何人都会做错事，当你做错事的时候，你身边的人想指正你，但是他们却不当面指明你的错误，而是采用说反话的方式迂回劝说，这样做可以说是为你留足了面子。朋友们，说反话是一种说话技巧，我们应该学会辨别对方的反话，有时候对方说的并不是他所想的，我们要懂得从对方言辞中巧妙挖掘出对方的小心思，从而窥探他的情绪如何，进而采取相应的对策来解决问题。如果你不懂得反话，你就很有可能犯些低级错误。

李兴在某家公司从事策划这一职业，他最近提出了一个自认为非常有创意的方案，交给经理后，经理皱着眉头看了半天，随后说了句"还行"。年轻的李兴认为这是一种夸奖，于是，他很积极地继续着自己的创意。可是过了一阵子，收录方案的时候，他的方案并没有被采取。李兴感到非常奇怪，他纳闷了好久，"经理说了还行的啊，为什么没有采取呢？"

与李兴一样，杜明也是一名新人。杜明加入公司之后，由于天分出众，工作勤勉，所以业绩相当好。因此，他也经常得到他的顶头上司的表扬。杜明的上司比他大了接近三十岁，经常很慈祥地拍着杜明的肩膀夸奖他："小伙子很上进，精神饱满，斗志昂扬，再接再厉啊。"杜明很得意，认为上司很赏识自己。所以渐渐地有些翘尾巴，经常不把别的同事，甚至不把他的上司放在眼里。有一次，他的得意忘形在工作上造成了大的失误，本以为上司会看在他以往的成绩上将功抵过，可是他却被上司大骂了一顿，他的自以为是终究成为了大家的笑柄。

李兴和杜明为什么会对自己的遭遇感到如此意外呢？因为他们完全没听出来对方说的其实都是"反话"。听不懂反话，不明白对方的真实想法，被所谓的"夸奖"蒙蔽了双眼，从而闹下笑话。

反话是人们生活中比较常见的一种语言表达方式，就是使用一种与字面话语相反意思的话语来表达自己的本意。一旦你的上司对你使用反话，而你却没有准确领悟到其中的含义，那么这可能就会给你的工作带来不可预知的麻烦。所以，对于上司说的反话，我们要格外注意。

面对他人的反话，我们如何听？如何对待呢？

1. 对方态度，你需要揣摩

有道是，"打是亲骂是爱"，这种现象在生活中并不少见。鉴于此，有的时候他人批评你，你大可不必耿耿于怀，反倒可以得意地一笑。因为，批评你是他"恨铁不成钢"，等你汲取了教训，改正了错误，就要重用你了；否则，干脆开除你算了，何必费那口舌呢！反之，如果对方对你总是过度客气，那你就要谨慎一点，因为他可能没把你当做自己人。

2. 调整情绪，低调做人

如果你总是因为对方的无意间表扬就沾沾自喜，得意忘形，那你就大错特错了。或许对方说的只是客套话，或许对方只是说些反话来讥讽你，而你如果当真那就过于可笑了。面对夸赞，我们应该做的是及时调整自己的情绪和状态，不要因为这样的话就肯定自己，要继续发现自己的缺点和不足，直到对方真正赞美你的时候，才可以略表"骄傲"。

🔊 心理悄悄话

反语经常运用于轻松活泼的场景，但在美国，你甚至可以从那些严肃认真的交通指示牌上发现反语。在美国西海岸一条公路的急转弯处，有一幅标语牌是这样写的："如果您的汽车会游泳的话，请照直开，不必刹车。"这则反语不是嘲弄，而是给人一种别具一格的警示。

通过打招呼的方式辨析对方心理

李哥在当地县城的事业单位上班，他和周围邻居的关系都很好，很少得罪人。最近，单位从外地新调来了一位领导，被安排住在李哥所在的小区。周六一大早，李哥准备和媳妇去买菜，在小区门口，这位领导看见了李哥，便跟李哥打招呼："李哥，你好啊。""您好啊，刘科长。"当时，李哥的媳妇也向这位科长点了点头。

一段时间后，李哥发现，刘科长每次看见他，都会以这样的方式打招呼，多年的识人经验告诉李哥，这位刘科长是个藏得很深的人。

有一次，李哥听说刘科长过生日，便给他送了一份生日礼物。第二天早上，刘科长看见李哥，还是那样打招呼："李哥，你好啊。"李哥心里嘀咕了，是不是刘科长不喜欢自己的礼物，难道是自己送错了吗？想来想去没弄明白，李哥就回到了自己的工位准备上班，李哥一到办公桌上打开邮件，就发现刘科长给自己的留言："李哥，非常感谢你的祝福，你送的生日礼物我特别喜欢……"

案例中的刘科长是个典型的官，他在人际交往中表现得小心翼翼，不会给人留下口舌，很会注意自己的形象，因此，即便李哥送了一件自己很喜欢的礼物，他也会选择暗地里感谢，这样的性格，其实在刘科长几次和李哥打招呼的方式中就已经显现出来了。

见面打招呼、问好是人们在交往中互相表示友好和认定的一种方式。正因为打招呼是人们见面时最简便、最直接的礼节，是人人都需要实施的行为，极具普遍性，所以它在日常生活中出现的频率极高。而打招呼的方式也能透露出关于这个人性格的信息。

杨硕和章瀚文在大学时候就是好朋友，毕业的时候，他们两个都报考了公务员，章瀚文考上了公务员，而杨硕没有考上，他非常羡慕章瀚文，后来一家公司招聘应届毕业生，杨硕便进去面试进而被录取了。

时间一晃，四年过去了，杨硕再次和章瀚文有缘相见，杨硕一见面就说："四年不见，混得如何了？"

章瀚文有些嗫嚅地说道："没什么，呵呵，就混日子呗。"

杨硕没有注意到章瀚文内心的胆怯，以为他是在故意谦虚，于是说道："看看你，真是谦虚，当官了不一样了，对了，怎么不开车，还想跟你赛赛车技。"

章瀚文脸有点红，什么也没说。

杨硕看见章瀚文的表情不那么直爽，有些不满，说道："你看看你，几年不见，竟然跟最好的哥们见外了？"

看章瀚文拘谨的样子，杨硕有些想笑，说道："你都当官了，现在是干部，我不跟你客气，走，吃饭去，我今天可得好好宰你一顿。"

杨硕连拖带拉地拽着章瀚文走到一家高档餐厅，点了一桌子的酒菜。

在吃饭的过程中，杨硕发现章瀚文好像变得沉默了许多，于是问道："哥们，现在这是咋的了，是遇到困难了吗？"

杨硕问来问去，实在没辙，章瀚文说了实话，他没钱买单。

杨硕问道："不是吧？不至于吧？你工资不多吗？这么多年了怎么比我还穷？"

章瀚文说道："没你想的这么好，我也就是最基层的，自从公务员实行阳光工资以后，工资下降了很多，哎。"

杨硕这个时候才明白自己的老同学原来从打招呼的时候就很自卑，于是安慰他说道："你还不如来我公司上班呢，我现在在公司做经理，我可以给你安排个肥差。"

章瀚文无奈地苦笑着，端起一杯酒就郁闷地喝下了。

中国是个自古就讲究礼数的国家，与人见面打招呼更是必不可少的礼仪。有人会说："天天都打招呼，这算什么难题？"打招呼这样一个看起来再平常不过的举动，却是社交礼仪中不容忽视的问候礼仪。作为一个识人较深的人，他是很容易从打招呼中窥探出对方的心理的，你此刻的心情如何、心理状态如何，都能从打招呼中得知。

1. 边注视对方边打招呼的人

一面注视对方的眼睛，一面点头打招呼的人往往是对对方怀有戒心，而且还有想处于优势地位的欲望。这些人在打招呼时，一直凝视着对方的眼睛，其心理就是想利用打招呼来推测对方的心理状态。所以，要想和这种人接近，应特别注意对方的诚意。

2. 从握手打招呼的方式看对方情绪

握手时，使劲握对方手的人，其性格主动、刚强，而且充满着自信；握手时不使劲的人，则个性较为软弱，且缺乏魄力；在舞会等交际场合，频频与初识者握手的人，是一种自我表现欲强和社交能力强的人：握手时掌心出汗的人，大都易于冲动、心态易失去平衡……我们可以根据对方握手的表现来窥探对方此刻的情绪如何。

3.打招呼时眼睛不敢看着对方

打招呼时低着头，或者目光移至他处，说话时左右环顾，总之就是不看着对方，这种类型的人多性格胆怯，害怕见陌生人，内心有着强烈的自卑感，在为人处世中表现得极为不自信，遇事犹犹豫豫，是个优柔寡断的人。

心理悄悄话

招呼礼是人们见面时最简单、最基本的礼貌要求，它虽然发生在瞬间，但却反映了一个人待人的态度和礼貌修养，其影响久远。对熟人不打招呼，或对对方的招呼毫无反应，都是一种失礼的行为。招呼礼不能千篇一律，其方式应根据不同场合、不同时间、不同对象有所变化。

嘴上谦虚，但他心里却是渴望赞美

周末的时候，阿玉剪了一个新发型，她把一头留了几年的披肩长发剪成了齐耳短发。看着镜子里的自己，阿玉感觉都不认识自己了，虽然看着还可以，但是她害怕上班时同事们过于震惊，心里就有点儿紧张。周一上班，她就故意对着同事们说："哎呀，真是烦死了，一点儿我想要的效果也没有，看着我都丑死了。"虽然她这样说，但是周围的同事却都说很好看，感觉很清爽大气，很有气质。听到大家的一致好评，阿玉心里可算踏实了，别提多高兴了。于是，阿玉接着说："本想换个形象，可是剪完感觉不是自己想要的，当时可生气了，就想跟他吵一场，找他理论。这不愉快的心情还带到了家里，甚至我老公跟我商量旅行的事情我都很生气，差点跟他发火，今天听你们这么说，我感觉舒服多了，心里也觉得顺畅了！"

可见，阿玉虽然嘴上说不喜欢，说很丑，但是她心里还是渴望被赞美的，她并不想别人说所谓的"实话"，说她的发型不好看。如果有的人不懂拿捏说话的技巧，看不出对方的内心情绪是怎样的，那就很容易得罪人。

清朝光绪皇帝的老师翁同龢是中国近代史上著名的政治家和书法艺术家，尤其是翁同龢的书法，不仅当时的书法家对他的书法造诣十分敬佩，后世之人也觉得翁同龢的书法造诣当属同治皇帝和光绪皇帝时期第一。

翁同龢是晚清时期政坛的重要人物，不仅先后担任过同治皇帝和光绪皇帝的老师，而且历任户部尚书、工部尚书、军机大臣、总理各国事务衙门大臣。可以说，翁同龢在当时也是位位高权重的主儿。但是，翁同龢是一个十分清廉的大臣，没有任何人可以用金钱贿赂打动翁同龢。

有一次，翁同龢在审理一个案子的时候，有一个人前来贿赂翁同龢，希望他能够在处理案件的时候手下留情。但是，翁同龢不仅拒绝了这个人的贿赂，而且还严厉斥责该人把大清的律法视作儿戏。无奈之下，这个人只好去贿赂李莲英，希望李莲英能够给自己指条明路。

李莲英只对他说："贿赂又不只金钱这一样东西，还有其他的。"

那人大喜："劳烦李总管指点在下，送什么去给翁大人？"

李莲英缓缓说道："翁师傅，自幼饱读圣贤书，又是两代帝师，自然是一个重名之人。"这个人后来就花费重金搜集了翁同龢的书法作品和所作的诗，并把这些集结成书，送到了翁同龢的府上。翁同龢一看自己的书法作品和诗集，心里自然很高兴。那人见翁同龢很高兴，就拍马屁说："翁大人将来必定会因为诗集和书法作品流芳千古的。"马屁拍得很到位，翁同龢虽然嘴上谦虚着，但是心里却很高兴。于是，那个人的贿赂就成功了，而所求之事自然也就水到渠成了。

从社会心理学来讲，赞美是一种有效的交往技巧，它可以让两个人之间变得更为亲近。美国心理学家威廉·詹姆士指出："渴望被人赏识是人最基本的天性。"朋友们，想想自己，你难道不渴求他人的赞美吗？将心比心，假如你在交际中多赞美一下对方，那你就与他的距离更近一步，你也就多了一个谈得来的朋友。

很多人嘴上谦虚地说："哪有，我老公的地位哪有你的高""我的业绩一般，还不是大家的功劳""我觉得我今天剪得发型不太好看""我写的字跟你比差远了"……当你听到这些话的时候，你是否信以为真了呢？其实，很多时候，这些话只是对方谦虚而已，虽然他们嘴上那么说，但是他们内心却是非常想得到你的赞美的。

那么，你知道该如何赞美对方更有效吗？

1. 字字句句表达真诚

这是赞美的先决条件。只有名副其实、发自内心的赞美，才能显示出它的光辉和魅力。一是赞美的内容应该是对方拥有的、真实的，而不是无中生有的，赞美更不能将别人的缺陷、不足作为赞美的对象；二是赞美要真正发自肺腑，情真意切。

2. 从具体的事情出发

现实生活中，有非常显著的成绩并不多见。所以，我们在赞美别人的时候，一定要从具体的事情出发，善于发现对方身上哪怕是细微的长处，并不失时机地给予赞美。如果赞美的话语没有具体的内容，只是一味地夸夸其谈，那对方很快就会识别出你的心思。

3. 赞美他人的优点

发挥你的观察力，在每个人身上再找到一两点别人所不知道的优点。一般来说，每个人身上都会潜伏着几处优点。一再地重复被别人赞美过的优点，办事说话的效果自然会降低，把别人没有发现的优点、长处被你在适当时拿出来应用，你就会收到意想不到的惊喜。

心理悄悄话

威廉·詹姆士说过："人类本质里最深远的驱动力是——希望具有重要性。人类本质中最殷切的需求是——渴望得到他人的肯定。"正是这种需求使人区别于其他动物，也正是这种需求，产生了丰富的人类文化。赞美正是抓住了人性深处的这一"渴望重要"的软肋。

第 05 章

坏心情从哪来：找到让情绪不佳的根源

　　其实，在生活中，如果不懂得对自己的情绪做一番梳理，大家很容易就会陷入坏情绪的陷阱。坏情绪从何而来？你的情绪有没有规律？如何才能排除坏情绪？我们需要了解的还有很多。不健康的心态有很多：过于计较、自我封闭、自卑等心态都会给自己带来负面的情绪。总之，要想改变自己的负面情绪，首先应该弄清楚坏情绪从何而来，是不合理的认知还是不健康的心态，追根溯源，才能从根本上转化自己的坏情绪。

摸清规律才能认清自己的小情绪

巧巧发现，自己的老公亮哥这几天不知道怎么了，每天也不怎么说话，对自己好像也很冷淡，总是躲在一旁看书、上网。有时巧巧忍不住去接近他，亮哥就很不耐烦地对她说："我忙着呢。"巧巧感到莫名其妙，跟自己的朋友抱怨说："亮哥这个人其实挺好的，一直以来对我非常照顾，可是最近不知道怎么了，感觉很冷漠，有时候还会无缘无故发脾气。奇怪的是每到月底基本上都会这样，也不知道是怎么回事？"

不懂得情绪周期的年轻人，常常会对自己的情绪感到莫名其妙，有时候毫无来由地心情不好，干什么都提不起精神，有时候却情绪高涨，干什么都很积极、乐意。为了更好地控制自己的情绪，我们便需要在学习过程中去了解自己的"情绪周期"，否则我们的生活将会混乱许多。

张亮亮在一家公司做销售，平时压力非常大。后来他看了一些心理学方面的书，了解到了自己的情绪周期，大概是每个月25号到月底，那几天整个人一点精神都没有，客户也不想见，什么事情都不想做，只想早点回家睡觉。

按理说，看了这本书之后张亮亮应该做出调节，但是他却形成了一种非常不好的恶性循环。他在20号之前就开始担心着情绪周期的到来，所以心里会非常害怕，而且在情绪周期来的那一两周，整个人非常压抑，脑子里会乱想，没一点心思工作，脑子很沉，呼吸也不是很正常。休息的时候也想着工作，导致失眠多梦。后来张亮亮觉得快受不了了，甚至有逃离这个世界的想法。

了解情绪周期是好事，可以帮助我们更好地调节情绪，但是如果你像张亮亮一样对待情绪周期，那一切将会适得其反。情绪周期是我们情绪的晴雨表，我们可以据此安排自己的工作：情绪高涨的时候，可以安排一些难度大、较烦琐的工作；而在情绪低落时，要多出去散散心，参加一些娱乐活动，多和朋友聊聊天，以寻求心理上的支持，从而安全地度过情绪低潮期。

那么，我们该如何把握自己的情绪周期变化呢？可以试试这个方法：以一年中的某个月为例，纵行为日期，横行为不同的情绪指数，包括兴高采烈、平平常常、伤心难过等。每天晚上花点时间想想当天的情绪，在与之相符的一栏打上记号。过些日子，把这些记号连接起来。不久你就会发现一个模式，这就是你的情绪韵律。这项测试通常很准，当你掌握了自己的情绪周期规律后，你就可以有准备地对待自己接下来的情绪，保证自己维持健康的心理状态。

在日常生活中，我们应如何对待这种周期性的情绪变化呢？

1. 平常心看待

把情绪周期性看成一种正常的现象，并且对情绪低潮期的来临做好充分的心理准备。一般来说没有多大情绪问题的人，情绪周期性变化对其学习和工作不会产生太大的影响，所以不必过于担心或紧张，否则就会适得其反。

2. 提前做个准备

我们不要紧张，要根据自己的情绪周期表，对自己哪天会情绪低落提前做个心理准备，以积极的心态面对消极的情绪，或者可以在情绪低潮期到来的那天有意识地回避一些容易引起自己不快的事情，避免坏情绪给我们造成危害。

3. 转移注意力

当感受到坏情绪入侵而又难以自拔时，我们可以转移注意力，及时打破静态体验，比如，欣赏欢快轻松的曲子，选择性地看场电影（指内容要有所选择），散散步，和他人交流、谈心等，都能够把人的情绪带到另外一种状态。

心理悄悄话

大家知道，天气阴晴变化，我们无法左右，但是我们可以改变自己的心态，用一种积极心态去看待它。人的情绪有着一定的规律，关键看你如何管理，想要呈现一个美好的自己，那就要有所行动，有所选择，选择"晴朗的天气"，而不是沮丧的"雨天"。

你的生活节奏真的适合自己吗

这个世界节奏太快，快得让每个人都得绷紧了弦，甚至随时奔跑起来。空气中似乎弥漫着紧张压抑的气息，我们的表情和行为都充满着紧张，我们总是焦虑和不安，紧张已经像一张大网一样牢牢地伸到每个人的生活和工作中。但是，我们应该驻足思考一下，这样的生活到底适合自己吗？自己在这样的生活中是否过得愉快或积极？如果不是，那我们真的应该想办法调整一下自己了。合适的才是最好的，才是最利于自身发展的，一味地追求快速而忽视了身心及周围的美好，那就得不偿失了。

在同事们看来，王艳是一个做什么事都要"慢半拍"的人，是一个"大事糊涂，小事不糊涂"的人。乍听到这样的评价，一定有人觉得王艳是一个生活混乱，邋里邋遢，对生活中的大小事都不上心的宅女，其实不然。只不过王艳是一个典型的坚持慢节奏生活的人。

每天早上，王艳宁愿早起，也不想快速奔跑去赶公交或地铁；一日三餐，王艳宁愿少吃，也不愿狼吞虎咽；工作时，王艳会在一个漫长的周期里制作出出色的方案，而不是玩上半个月，最后三天通宵加班。别人都说她慢，她说这是在享受生活。王艳也像忙碌的人无法理解她一样地无法理解对方，常常质问那些风风火火的同事说："亲爱的，你为何不能给自己一个休憩的时间，在这个时间里屏气凝神感受一下轻松的气流，为何不能对此刻的宁静感到幸福呢？"

周末，王艳会选择一天中的一餐，午餐或者晚餐，认认真真地对待，花时间去体味食物的香气、味道和口感，恨不得为一道美味赋一首诗或做一篇文。回家后，王艳会在椅子上蜷作一团，花几个小时享受纯粹地阅读或思考。如果思路通畅，她会将内心的感受和想法变成文字，写在她的日记本上。如果朋友来访，她会花时间倾听朋友的言语，对悲伤者给以安慰，对欢喜者给以祝福。有时候她甚至不去说，只是花长时间听对方讲话，仿佛那些话本身就是一件值得欣赏的作品。就这样，她慢慢地让欣赏、品尝、享受、散步、沉思和闲适融入了自己的生活，也变成了她独特的存在方式。

在追逐利益的物质社会中，很多人都以此为借口令自己的生活慢不下来，但快速的生活节奏让人们失去了太多，不仅仅是健康，还包括对生活的享受、热爱和激情，还有对周围的一切事物的体会和感动。每个人的生活节奏都可以适当地放慢一点，多留一些私人时间去享受生活中的乐趣，这样的人生才会少有遗憾。

调整生活节奏也是一种远离干扰的方法，它们能让你从干扰导致的痛苦中解脱出来。譬如：

1. 放慢自己的心态

我们可以适时地体味一下禅的生活，这样的生活能让我们的心足够沉静，心速足够放慢，在舒展中欣赏和品味一切。我们大可不必行色匆匆、步履匆匆，我们可以放慢脚步，更重要的是放慢心态，来感受和体会生活。

2. 处理好计划与变化的关系

"节奏感"最具体的表现就是有计划。计划，就是对今天和明天要做什么事有一个提前的设想和安排，然后按照计划去实施，做到有准备，有条不紊。但是我们通常很难达到完全按照计划行事的境界，意外和突变是最平常不过的了。所以，要讲究节奏，就要先处理好计划与变化的关系。

3. 不要总是攀比他人

人总是在攀比，尽管很累，却总是在想上面一层会更好；上了一层，又会想再上一层会更好。于是，总在不停的忙碌和疲惫中相互比较。比较到最后，突然觉得自己好像什么也不是。所以说，还是做好自己吧，努力寻找适合自己的生活，别人的不一定适合自己，唯有属于自己的才能给予自己最幸福的人生。

4. 学会利用时间

一般说来，善于利用时间的人，通常也较能发挥出自己的潜能。这种人绝不会为时间所役，使自己陷入"糟了！来不及了！"的失措状态中。面对时间，他们的态度积极而主动，他们是时间的主人而不是奴隶。

心理悄悄话

想要拥有更高质量的生活，想要人生更为幸福，这当然离不开健康，健康是进行一切活动的基础。把控好自己的生活节奏，不过于急于求成，也不消极堕落，这就是对自身健康问题的重视，这是一种态度，也是一种智慧。诚如是，才有可能创造出健康的人生、辉煌的人生。

情绪也有脾气，需要休息的假期

人生在世，纷繁的社会、嘈杂的生活、紧张的工作都让我们感觉很累，很多人经常为了一些琐碎的小事而焦虑不安。这个时候我们应该学会如何释放情绪，给自己的心情放个假。不管你是旅游，还是与朋友小聚，还是自己安静地做些自己喜欢的事情，这些都是不错的选择。放松是为了让自己更好地前进，为了让自己的精神更为饱满，不要让自己过度疲惫，前进的路上，请记得给自己休休假。

陈颖近来工作特别紧张，已经连续加班好几天了。周末，她决定一个人去逛逛街，放松一下，摆脱最近的紧张情绪。

陈颖走着走着，看见一家小店铺，里面有一条仿白金的项链，是条新式的链子，上面有一个绿色的椭圆形宝石做吊坠，旁边还有一对仿白金的小翅膀。店主说："这叫做'天使翼'，适合皮肤白的女性佩戴，配你正好，简单又大方。"陈颖想起这条项链秋天配自己那件紧身墨绿色毛衫正合适，于是就买了，十分高兴地走出了店铺。

刚走几步，又看见一个美甲处，陈颖想做美甲，平时总是担心浪费时间，今天没有任何任务，时间是自己的，于是安心坐了下来。"要做复杂的，还是简单的？"店主问。"复杂的吧。"于是店主在陈颖的指甲上绘了白色的底色及浅蓝色的花、玫瑰红的花蕊，又在外面涂了一层保护层。做好后，陈颖伸出手细细欣赏着，指甲做得非常精致，显得自己的手特别白。

从美甲店出来，前面就是广场了，里面有许多卖首饰的，有一个耳环，红色的珠子，黄色的水晶，很精美。店家说："拿下来你戴上看看，很漂亮。"陈颖笑着说："我还没打耳洞呢。"不过那些耳环实在是太可爱了，陈颖决定等过几天打个耳洞，再把头发扎起来，戴副合适漂亮的耳环，这样可能让自己更具有女性魅力。

陈颖就这样一路漫无目的地随意溜达，最后走进超市，买了丈夫爱吃的花生、牛肉、大虾，高高兴兴地回家了。陈颖想：原来一个人无所事事随意瞎逛，没有任何任务，还真是特别放松。

是的，生活在现今这个高效率、竞争极度激烈的社会里，朋友们不得不加快脚步奋进，这也导致许多人在忙忙碌碌中失去了悠闲，失去了生活的情趣。但在此还是要说，一味地坚持并非上策，有度的休息，才是良方。假如你是为了生活而生活，那生活原本的滋味就没有了。

心情也需要足够的时间休息，当心情"体力"充沛的时候，全世界的一切都变得可爱，当你热情地问候别人的同时，对方也会报以最真诚的笑容……给心情一个假期，也给自己一份轻松自在的感觉。

1. 让心情适当地放纵

米卢说："享受你所做的吧。"听听这个自由的声音！可见放纵是自由的终极，这一刻，这一生，不再拘束，醉一杯荒唐的酒，放纵了自由心。大声唱歌、大声说话、大声欢笑，尽情才是做自己。在混杂的城市中，在繁忙的工作后，倦了，就该放纵自己，停下来，喘口气。

2. 好好休息一下

人生犹如剧场，有时你会对上演的剧目和自己所扮演的角色感到厌倦。好好休息一下，放宽心才能在每天清晨醒来，精力充沛地开始工作和学习。在被各种矛盾充斥着的社会中，在巨大的压力下，只有及时调整情绪，你才能开心地度过每一天。

3. 选择合适的休闲方式

休闲就像进补一样，往往是进什么，就出什么，所以我们要对休闲方式尽心选择。旅行、跑步、健身、种花、郊游、听音乐、和朋友交流，培养新的嗜好，参与积极的社会活动……这些都是积极的休息方式，可以让我们的情绪得到彻底的放松。

4. 调整成充足的时间

时间紧张，就会担心耽误事情，那也就谈不上放假。若每一样事都多打出些时间来，就会不慌不忙，从容不迫了。最好的办法就是把自用表适当拨快一些，时时刻刻用表面上的时间警惕自己，如此则既不误事，又可轻松。

心理悄悄话

朋友们，如果你的生活整天就是围绕着家庭和工作，忙碌而又枯燥，那你的情绪定然不会健康、积极。适当地休息一下吧，让自己沉淀下来，回归到自然中，释放你的疲惫和压抑！让思想去旅行，用心去品味美好的一切，这样你才能感悟人生的真谛，感受生活的美妙。

打败情绪，先找到坏情绪的源头

现代社会生活节奏加快，生存竞争加剧，这都增加了人们的心理负担。时有发生的负面情绪如果不能及时排解，就会令个体心理压力加重，最终引发身心疾病。为了减少甚至避免这些致病因素对人体的影响，控制情绪成为这一切的重要前提。但是，想要控制情绪你就必须先了解情绪发生的原因在哪里，找到坏情绪的源头才能找出解决的办法。

梁雨是个职场精英，凡事要求尽善尽美，她知道职场女性很容易因为工作的忙碌而忽略家庭，所以不管上班有多累，她都会把家庭照顾好。每天早上六点多起床为老公和儿子准备早餐，吃过早餐后，把餐具收拾妥当，然后简单打扫一下房间，之后送儿子上学，看着儿子进校园后，自己再去公司。忙碌了一天，下班接儿子放学，回家做晚餐，做家务，陪儿子写作业。平时工作比较忙，加班是经常的事，好不容易有一天能休息，还要应付没完没了的脏衣服，送儿子去学英语和小提琴。

这种没停歇的日子让梁雨很疲倦，自己事无巨细地操心着怎么能把日子过好。周末去商场给儿子买衣服，路过一间咖啡厅，透过落地玻璃窗，梁雨看见靠窗而坐的几个女人正在谈话，她们都和自己的年龄差不多，脸上却洋溢着青春的神采，那种优雅和恬淡的笑容让梁雨羡慕不已。

看到这一切，梁雨明白，自己繁杂的生活和工作内容已然让自己丢失了本该拥有的属于自己的休憩空间，这一切所带来的疲惫让自己本该享受的生活变得很繁重。痛定思痛，梁雨决定来个彻底的改变。回家后，梁雨跟老公定了一个协议：夫妻轮流"执政"，也就是说，这周是梁雨操持家务，下周就轮到老公管理这个家，休息日可以自主支配。这样梁雨的时间就充裕起来，虽然一开始看到老公做家务笨手笨脚的也想插手管管，但她还是忍住了——就体现一回"民主"吧！

休息日，梁雨喜欢伴着音乐读一本书，或者驾车到郊外呼吸新鲜空气，在大自然中领略不同以往的惬意和舒适。她发现，生活是那么美好，自己从前没有感受到喜悦，有的只是压力，这一切就是因为自己一直埋头于生活而忘了生活本该的样子，让琐碎的事情蒙住了向往美好的眼睛。

过了一段时间，梁雨发现了自己身上的变化，整个人也轻松了很多，公司的同事都说她越来越年轻了，老公也夸她仿佛回到了二十多岁的时候，儿子更是自豪地说自己有个漂亮妈妈。现在的梁雨是同事眼中的"女强人"，是老公眼中的完美妻子，是儿子眼中的优秀母亲，这一切都让梁雨开心和骄傲。

朋友们，谁都有疲惫的时候，谁也都有莫名的心烦意乱的时候，这时候大家是怎么做的呢？是对这种情绪听之任之，还是积极应对呢？不理不睬只会让自己变得越发消极，我们应该做的就是找出坏情绪的根源，把问题解决掉，只有这样，我们才能让情绪保持在积极的状态下，让身心更为健康。

1. 深入了解自己的情绪

如果希望情绪帮助我们获得幸福和成功，就应该认真地审视一下自己的情绪特点，看看它是积极的、正面的，还是消极的、负面的。如果我们的情绪趋向正面乐观，就可以继续发扬光大；如果自己是一位情绪悲观的人，可要注意及时进行情绪的调节工作。

2. 不断地进行自我反思

当自己总是在一段时间心情不好的时候，我们要在安静的时候反思一下自己，问问自己到底是怎么了，为何如此消极倦怠，想想这段时间以来发生了什么事，这些事该如何处理，把能解决的事情迅速解决掉，只有把，一切矛盾处理掉，我们的心情才会慢慢好起来。

3. 努力让自己保持好心情

我们左右不了什么时候刮风、什么时候下雨，但我们可以左右自己的心情。快乐不仅可以让我们心情舒畅，还可以促进身体发育，使身体强健。所以，我们每天都应该带着快乐出发，让快乐奏响人生的每一个节拍。

心理悄悄话

如果你觉得自己近段时间的心情比较失衡，此时你就应该检讨一下自己了，"最近我这是怎么了？我为什么心情不好？我需要做些什么来调整自身情绪呢？"如果意识到情绪处于不良状态，那就尽量把注意力转移到其他事情上来，比如说外出散心、与三五好友小聚，等等。

转移注意力，迅速远离坏情绪

娜娜被公司辞退了，非常痛苦，于是去找心理专家咨询，一见到心理专家就哭了，并泣不成声地说："我好惨呀，我多么不幸啊，我怎么养活自己和家人啊，我这一辈子都不知道怎么过啊……"心理专家对她说："姑娘，你被公司辞退是你自愿的。"娜娜吓了一跳，说："你说什么呀，我怎么可能自愿被辞退啊？"心理专家对她说："你被公司辞退一次，但在你的心里天天都心甘情愿地被公司辞退一次，那一年下来，你就被公司辞退了365次。""这是怎么回事？"娜娜不解地问。"在你身边发生了一件不好的事情，即当你遭遇逆境时，你好像看到了一场不好的电影一样，天天在回想，这不是很笨的事情吗？这就叫重蹈覆辙，你知道吗？"这时，娜娜恍然大悟，是啊，一直以来自己都沉浸在被辞退的痛苦中无法自拔，倘若自己的注意力一直盯在这件事上，那自己永远都不会快乐的。

人总有情绪低落的时候，也许因为一个人，也许因为一件事……总让人久久不能释怀。当人的情绪处于低潮时，对任何事情都提不起兴趣。如果总想着那些伤心的事情，会使你陷入思维沉迷与情绪急乱状态，如果你将注意力转移，对原来痛苦的体验也就会被阻隔。

佳佳和杨昊是一对年轻的夫妻。起初，他们的生活非常甜蜜，但是后来，摩擦逐渐增多，两人看到一点儿不顺心的事情就会向对方发脾气，把家里变成战场。为此，双方都十分苦恼，却又感到无能为力。

直到有一天，杨昊厌倦了，改变了策略，事情才开始发生变化。

一天中午，佳佳再次因为一点小事开始对杨昊发脾气。看着愤怒的佳佳，杨昊没有像往常一样用"唇枪舌剑"反击到底，而是迅速穿好衣服，抓起公文包，离开这个"是非之地"，到办公室里工作。

起初，杨昊没有心情工作。但是在网络上打了两局游戏之后，他的心情变好了。经过几个小时的努力，杨昊竟然完成了之前三天都没有做出来的策划案。这让他非常有成就感，生活似乎又充满了希望。于是，他就哼着歌、高高兴兴地"下班"了。

路上，杨昊路过一家花店，突然想到很久没有给佳佳送花了，就买了一束红玫瑰。

回到家，佳佳刚开口质问杨昊去哪儿，杨昊就递上玫瑰花，赔着笑脸认错，然后解释自己这几个小时做了什么，为什么买花，并且重温了两人过去的美好回忆。渐渐地，佳佳的脸色也缓和了，接过了花，转身去厨房为杨昊做饭了。

每个人都有不良的情绪，这很正常，我们不要把这些情绪压抑在心中，因为一味地压抑心中的不快，会使我们的身心越来越疲惫。因此，除了自我调节和消化外，我们还应该学会把注意力分散到它处，转移情绪，让它尽快释放出来，并寻求更好的解决方式，将负面情绪减小到最低程度。

不要再为拥挤的交通而烦躁，乘车时你可以看看沿途的风景，可以听听愉快的歌曲，让自己从焦躁的坏情绪中抽离出来，将注意力放在自己感兴趣的问题上。所以说，转移注意力是一种非常有效的自我控制法，人们通过注意力的转移，可以瞬间瓦解坏的情绪，让自己恢复平静，获得好的心情。

转移注意力是一种非常有效的自我控制法，但是很多人并不真正懂得如何进行转移，其实转移注意力可以通过以下几个途径：

1. 与知己谈谈心

多结交一个朋友，你就多了一个世界。你的目光便不再只集中在自己的身上了。同时，你也可以和朋友聊一聊你的痛苦、烦恼，这在一定程度上能减轻你的痛苦，减轻你的压力。当你陷入痛苦中无力自拔的时候，不妨去结交一个知己，把你的注意力转移到对方的身上。

2. 投入到自己的兴趣爱好上

例如散步、看电影、看电视、读书、打球、聊天等，这些让人觉得轻松的事情可以在很大程度上转移你的注意力。它不仅能够起到有效地中止不良刺激的作用，防止不良情绪的蔓延，还能通过参与新的活动特别是自己感兴趣的活动来达到增强积极情绪的目的。

3. 停下来，休息休息

当对此前的工作感到烦闷时，停下来休息一会儿，也是注意力转移的方式之一。比如起来活动一下手脚，如果方便可以跳一跳、做做体操、洗洗脸。运动可以使大脑放松，减轻疲劳，还可以发泄情绪。注意力不集中时不要消极地躺着，也不要封闭自己。

))) 心理悄悄话

通过转移注意力进行减压的方法并不是适合所有人，只是更适用于那些压力相对较小的人。值得注意的是，用这种方法减压所进行的活动不能逾越法律及道德的围墙，否则物尽其反。很多人由于压力过大，偏激之下选择通过暴力行为来宣泄情绪，最终将走向法律的牢笼。

心情不好，你可以积极暗示自己

生活中，可能有的人总认为自己不行，久而久之，这个人也就真的变得不行了；也可能有些人总是自信满满，结果这些人也就真的得到了他们想要拥有的。其实，这就能说明自我暗示在影响着我们的生活。

自我暗示，即人自我施予或从环境中以不明显的方式获取信息，自己无意中受到这些信息的影响，并做出相应行动的心理现象，是一种被主观意愿肯定了的假设。通过自我暗示，可以调整自身消极低落的心态。

富兰克林·罗斯福曾经是个非常瘦弱胆小的男孩，无论见到谁，他幼稚的小脸上总是充满惊恐的表情。天生胆小怯场的小罗斯福，每次被老师叫起来回答问题时，脸总是涨得通红，紧张得全身发抖，讲话也是断断续续、含糊不清。

如果是一般小朋友像他这样胆怯，可能就不会再去参加任何活动了，也会越来越封闭自己，不与任何朋友交往，只知躲在一角顾影自怜，唉声叹气。然而，小罗斯福却没有这样，他勇敢地面对自己的弱点，尽管同伴们经常嘲笑他，他也不放在心上。当紧张时，他会坚定地告诉自己："只要我用力地咬紧牙关，尽力阻止它们颤动，过一会儿我就能让情绪稳定下来！"小小年纪的罗斯福，每一天都在坚定地告诉自己说："不管怎样，我都要成为一个坚强的人！"当他看见其他小朋友蹦蹦跳跳地参与各种体育活动时，他便也强迫自己去参加，不管体力能否承受得了。与他接触过的每个人都能从他坚毅的目光里看到他坚定地想要成功的决心，而当紧张产生时，他会给自己鼓气说："我一定可以！"

渐渐地，小罗斯福克服了紧张，也克服了身体上的缺陷，因为拥有不屈不挠的精神，他终于能够勇于面对任何恐惧或困难的事。喜欢广交朋友的罗斯福，对于交际也有一个很实用的原则，他认为："与人交朋友是一件快乐的事情，只要我本着真诚、快乐的态度与人交往，即使我的相貌很差，人们也仍然愿意与我交往，因为每个人都喜欢与快乐为伴，不是吗？"为了让自己变得更勇敢、更强壮，高中前罗斯福都会利用假期时间加强体能训练，而他也正是凭着这种自强不息的精神与自信，最终成为美国的第32任总统。

潜意识的力量是无穷的，只要你能够正确地运用它，它就会为你的人生带来自信和成功、幸福和快乐。积极的自我暗示再配合以积极的行动，我们就会在不断增强的自信心的护航下，无往不胜，到那时，对我们来说就没有任何事情是不可能的了。

如果你把积极的心理暗示当做一种习惯，那么你将会变得越来越充满希望、变得更加积极阳光，你的正能量将会越来越多。此时此刻，改变自己吧，让消极的思想远离自己，给自己一种积极的自我暗示，并且让这种意识融入你的思维习惯中。

1. 把当下的失败看做最后一次

每个人都会有不顺的时候，试着在失败时对自己说："这是最糟糕的了，不会再有比这更倒霉的事发生了。"既然"最糟糕的事"都已经发生了，还有什么可怕的呢？当你在最不顺利的时候给自己这样的心理暗示，会增强心中的安全感，也会给自己带来自信。

2. 相信自己的能力

你是否曾仔细地思考过，上天赋予你的重大使命是什么？而你是否已经在这一使命的激励下勇敢地前行？任何时候，每个人都别忘记对自己说一声："我天生就是奇迹。"本着上天所赐予我们的最伟大的馈赠，积极暗示自己，你便能开始成功的旅程。

3. 方法要得当

自我暗示也要讲究一定的方法，在心理上得到慰藉的同时我们依旧要正视现实，利用这种好心情来让我们更好地去提高自己，改变现实。如果沉浸在自己的这种自我暗示中，并把它当做是现实，那我们就真的成为了像阿Q这样可悲的存在了。

))) 心理悄悄话

其实，精神力量是无穷的，它能帮你打败黑暗、走出困境。因为对于人的生命而言，要想活下来，只需要维持生命所需的食物就足够了。但既要活着，又要活出精彩，就需要有广阔的心胸、坚强的意志和相信自己能行的智慧。

第 06 章
挖掘积极情绪：你比想象中的更有力量

朋友们，每个人的情绪有很多种，与其让自己在悲观中消沉，我们不妨积极寻找自己心中那些关于友爱、欢乐、感激、希望的情绪，这样的情绪越多，我们才会越发阳光。为了事业，为了健康，我们的目的就是要塑造阳光心态，把兴趣和愉快这两类好情绪调动起来，使自己经常处于积极的情绪当中，从这种正面情绪中受益。因为心境具有两极性，好的心情使你产生向上的力量，使你喜悦、生气勃勃、沉着、冷静，从而缔造和谐。

心有爱，你的幸福感才会更多

乔乔今年九岁了，爸妈平时怕耽误他学习，从来都不让他干活。就连洗头洗脚、扫地铺床、洗衣服刷鞋都是妈妈帮他做。

暑假来了，妈妈想让乔乔学习独立，便让他分担一些家务，如拿东西、洗袜子、打扫房间、买吃的等。可是，才干了两三天，乔乔就不耐烦了，并且觉得很委屈，便向妈妈大声说出了"正当"的理由："我好不容易放假休息了，你能不能别麻烦我干这干那，我的假期不是为你服务，让你偷懒的。"

还有一次，妈妈去姥姥家帮忙，爸爸发烧自己在家，下班回家后没做饭就倒在床上了。乔乔放学回来，看到爸爸躺在床上，没有像往常一样做好了饭等着他。于是很生气，他不但没讲一句关心、体贴的话，反而对着爸爸大喊："我很饿好不好，你就无动于衷吗？你想睡觉是吧，那你起码先把饭菜做好。要不，你抓紧通知妈妈回来给我做吃的！"

看着儿子变成这样，爸妈不由得感到心酸：一直以来我们对乔乔那么好，为什么他对我们没有一丁点儿的爱呢？他的脾气变成这样，他心中的爱竟然一点点流失了。

爱，是所有积极情绪的基础。如果一个人没有爱，如何谈积极的情绪，那他的一生又如何幸福快乐、积极向上呢？父母的错误教导让乔乔一步步变得冷漠，变得自私，变得没有爱心，这一切对孩子的成长来说极为不利，对他良好性格的养成将是一种极大的威胁。

爱是什么？爱是奉献，是付出，是感恩，是宽容。总的来说，爱就是让被爱的人得到快乐。作家罗伯特·帝森说："我宁愿眼睛看不见，耳朵听不见，不能说话，也不愿丧失爱的能力。"爱是人们与生俱来的能力，将爱施予他人，是人生中最快乐的事情。如果你的心里装的是满满的爱，那你的幸福感将会比别人多很多，你的情绪也更为积极。

当每个人的心中都充满爱的阳光时，一切不好的想法自然就会烟消云散。欢乐会驱走悲伤，希望会驱走绝望，温暖会驱走寒冷。所以，当每个人心里充满爱时，就能为他人带来欢乐和希望，当每个人心中有爱时，就能温暖我们周围的世界。爱是疗愈一切的力量。

慢慢地年轻人就会发现，爱是最好的养料，它可以在浇灌别人的同时，滋润自己的心灵。当我们用爱去面对生活时，就可以创造生命的奇迹；当我们用爱去浇灌人生时，就可以获得真正的快乐。可以说，只要心中有爱，人生便处处有幸福。

做一个有爱的人，你将会更为阳光、快乐。

1. 守住内心的善良

勤劳的园丁会种下花种，并时常整理花园，拔出杂草。其实，我们的内心也有一个后花园，鲜花是善良之心，杂草便是邪恶之心。倘若我们期盼得到一个美好的人生，那么就要在自己的心灵中耕作，播下善念，摒弃恶念，留下纯净的，去除肮脏的。只有心地善良，你才能更纯真理智地看待你自己及整个世界。

2. 有一颗奉献的心

《圣经》上说："生活中没有了爱，便失去了意义。"这里的"爱"，在很大程度上意味着"付出"和"奉献"。在开始一天生活的时候，应该提醒自己去爱他人，应该努力去发现世间美好的事物。那么，从外界的反映中，你将发现一个可爱的自我。

3. 敢于表达自己的爱

无论在任何场合，只要我们有能力，就应该用行动表达我们的爱心。真爱是一种从内心发出的关心和照顾，没有华丽的言语，没有哗众取宠的行动，只有在点点滴滴、一言一行中你才能感受得到。有爱就大胆地表达出来吧，把这份祝福与快乐传给更多的人。

心理悄悄话

爱是一种伟大的力量，它能改变一切。如果你心存爱，那即便身处艰难，你也能从中看到人生的希望，走向美好的未来。而没有亲情和被爱遗忘的人，活着也是行尸走肉，因为他们把心灵带进了坟墓。正是爱，才使我们的生命有了质的不同。

传递快乐，感染身边更多的人

伟大的精神病专家阿德勒曾对那些精神忧郁症患者说："如果你遵照我开的处方去做，你就可以在两周之内痊愈：每天想想如何让别人高兴。"阿德勒医生要求我们每天都做一件好事，但什么是好事呢？"好事，"先知穆罕默德说，"就是能给别人脸上带来开心微笑的事。"

是啊，快乐有着无穷的感染力量，可以传递给他人，你可以为他人去做一些让对方快乐的事情，其实，这样也能让自己获取快乐，这种行为是共赢的。

海丽最近比较郁闷，在茫然与寂寥中，她驱车去了难得去的教会。她认识的几位朋友正在教会筹备一个活动。

到教会时，还未进入活动大厅，海丽就已听到悠扬的歌声。原来大家正在排练圣诞节的歌舞节目。见海丽进来，几位朋友马上笑着过来和她握手打招呼，活泼的尼亚更是给了海丽一个热情的拥抱，不相识的人也笑眯眯地向她致意问候。刹那间，一种亲切之感涌上海丽的心头。

柔美的歌声在大厅中回荡，大家随着钢琴动听的旋律用不太熟练的舞姿诠释着歌曲的内容。大家边表演边讨论边改进，时不时会因为某个滑稽动作而爆发出阵阵笑声。她们全身心地投入到歌舞中，看起来年轻且充满活力。实际上她们的年龄都已不小，几位年长者已七十有余了。然而她们显得那么开心，那么富有激情，那么乐观向上！她们欢快地唱着，忘情地跳着，在唱唱跳跳和欢声笑语中尽情地享受着生活的美好与快乐。

海丽被这种欢快的氛围包围着，融化着，心情也在不知不觉中渐渐变得开朗起来了。

随后，海丽认识到了快乐的传递功能，每次当她心情不好的时候，她都尽量克制自己的郁闷心情，尽量用快乐的面貌面对他人，她将自己的快乐传递给别人，别人反馈给她更多的快乐，慢慢地，她内心的那些阴云都在快乐中消失了。

快乐是会传染的，不信吗？你笑着面对别人的时候，别人的笑定会对着你，这就是快乐的感染力。当你快乐的时候，别人的心情会因你而受到感染，别人的笑声同样地再次感染着你，这样的快乐会在笑声中度过，再多的时间也会飞一般地过去，再多的忧虑也都会消失。

如果无人分享你的快乐，那么这种快乐是浅薄的。只有当快乐成为大众的，它才实现了真正的价值。每个人都希望自己快乐，但并不是每个人都会无时无刻找到快乐。所以，我们不如把快乐传递给别人，一传十，十传百，最后变成与世界同乐，这才是快乐最好的归宿。

1. 做一个喜欢分享的人

分享苹果、荷包蛋，这是极小的生活细节。然而，在这样的细节之中，就会懂得了什么是分享。其实分享一直都贯穿在我们的生活之中，留心观察，你会发现，是分享串联了生活中一个又一个温馨的画面。懂得分享，也就让我们拥有了神奇的温暖人心的力量！

2. 平日里及时问候一下自己的亲友

快乐的人每天都会得到一种短暂的友好问候，仅仅五分钟的电话就会使人们快乐起来。麦尔斯说："这是因为它让我们记起了生活中的关爱，享受到了生活中的喜悦，分担了生活中的忧虑。"

3. 有一颗有爱的心

传递快乐，除了要有一颗快乐的心，你还要有爱心，别人烦恼时，不要吝惜你的安慰，也许你并不能帮她解决问题，但是一句安慰的话可以温暖她的心；在旅途中，陌生人走在一起总是会保持冷漠，这时，你主动说话，一句玩笑或一个微笑，也许又是一段新的友谊……

心理悄悄话

尼古拉斯·克里斯塔基斯教授认为：分享快乐、传播快乐，本身就是一种幸福。只要你心中有理解、有宽容，那么快乐将越分享越繁盛。分享快乐，得到的是别人，收获的是自己；分享快乐，享受的是别人，领悟的是自己；分享快乐，感染的是别人，幸运的是自己。

当你被爱、被关心时，请心存感激

在日常生活中，很多人常听到爸妈抱怨孩子不懂事，孩子抱怨爸妈太啰唆，男生抱怨女生不懂温柔，女生抱怨男生过于霸道；在工作中，也常出现上司抱怨下属工作不认真，下属抱怨上司不体谅。其实，这主要是因为他们对生活缺少了一份感激之情，总是抱怨自己的不如意，而没有留意那些值得纪念的幸福时光。当抱怨越来越多，当感激之情越来越远，慢慢地你的情绪就会变得越来越暴躁。

谭香是公司里的一个小职员，年轻漂亮，但是工作经验很少，很多事情都要向同一个办公室里的琳琳姐请教。琳琳姐是个热心肠，谭香一遇到问题她就非常积极地提出建议。谭香习惯了她的帮助，有时候竟然忘了说句谢谢。后来，琳琳姐生病住院了，医生说需要休养半年才行。

琳琳姐不来上班了，谭香心里空荡荡的，好像少了一些什么，但是又说不出来。可是，每当遇到问题的时候，谭香都觉得有琳琳姐在实在是太好了，什么问题都可以向她请教。有一次，谭香对一种货单实在不知道怎么处理，想去问别的办公室里的人，又不好意思，自己研究了一上午也不知道怎么办，最后鼓足勇气去向别的办公室里的人请教，迷津解开了，谭香对人家千恩万谢，心想真应该感激琳琳姐那么无私地帮助自己，也真该庆幸有那么一位好同事。

半年之后，琳琳姐终于回来了，谭香高兴地给了她一个大大的拥抱。

谭香非常珍惜和琳琳姐相处的日子，什么活都抢着干，遇到问题两人一起解决，就这样，两人同心协力，把所有的事情处理得井井有条。琳琳姐觉得和谭香在一起非常开心，工作中一点儿烦恼也没有，身体也健康了。

很多时候，我们会把别人对自己的好心帮助视为理所当然，朋友乐于与我们交往，一些小事情，当然帮得十分乐意。但是，谁都不愿看到自己的好心得不到好报，一次两次也许还可以忍受，但是渐渐地就会用光朋友的交情。那时候，朋友似乎不再那么乐于助人了。所以说，我们不要把对方的爱看作是应该的，没有谁应该对谁好，如果你身边有一位乐于助人的人，请你一定要善待他。

人们在生活中心存感激，是一种生活态度，是一种对未来，对社会发展充满希望的心态，也是人的一种处世性格，能做到这一点，就会少很多的烦恼和不满，也就少很多的迷茫，永远对生活心存感激，让自己的生活永远充满快乐和幸福。

相反，如果不懂感恩，你就会陷入一种糟糕的境地，对许多客观存在的现象日益挑剔甚至不满。如果你的头脑被那些令你不满的现象所占据，你就会失去平和、宁静的心态。久而久之，你就会变得越来越消极，心情也会越来越杂乱。

心存感恩，你才能挖掘出更多的美，更懂欣赏美。人生不如意之事很多，如果我们能摒弃其间的不快，用一颗感恩的心去发现生活中美好的一面，那么，即便身处荆棘，你也能活得快乐、幸福。当我们怀着感恩的心开始一天的生活时，这一天将不再乏味枯燥，而成为令人激动的创造和奉献。

1. 知恩图报

动物尚且知道"知恩图报"，人在接受了别人的帮助以后更应该懂得去感恩，这也是一个有良知的人应有的举动。俗话说："受人滴水之恩，当以涌泉相报。"对父母的养育之恩、朋友的帮助、兄弟的关心，乃至于大自然所给予的一切，我们都应该心怀感激之情。

2. 送点礼物给对方

也许你不知道用什么方式表达自己的感激，其实你可以请对方吃顿饭、送对方点儿小礼物，虽然只是一种形式，但是表示了你的心意，对方也能感受到，知道你是在乎他这个朋友的。大家应该牢记一句话：点滴之恩当涌泉相报，用人格魅力去感染身边的人，你才会更加受人喜欢。

3. 换个角度看问题

如果你觉得这样的生活辜负了自己，那么，这时不妨尝试换个角度，在痛不欲生前，给生活一个微笑，这不容易做到，但过去并不总是预言着将来，幸福也并不总是虚无缥缈，生活也许听过我们之前的每一句牢骚，但它还没有看到我们今天的表现，不是吗？

心理悄悄话

当一个人施舍或帮助另外一个人的时候，是一种付出，是一种不求回报的奉献。真心付出的人，很少会考虑今后要讨回曾经的付出。在付出的时候，他们在内心已经收获了给予的快乐。施予与接受不是借贷关系，而是一种传递关系；在给予中传递爱心，在回报中感受幸福。

超越自己，不断激励自己向前进

人活一世，如果一直不敢证明自己，从未想过要超越自己，那岂不是太遗憾，太可悲？超越是一种勇气，是一种信念，是一种敢于改变现状掀开人生新一页的精神品质。如果你敢于超越自己，那你就能激发出更多你所不知的潜能。今天我要悄悄告诉大家：只要每天超越自己一点点，你就会成功。超越自己，这是一种积极向上的心态，更是一种健康的情绪体验，如果你能从中寻求到人生的快乐，那你就会不断成为一个向上的人。

苏联卫国战争时期，一位年轻的苏联空军将领驾驶着战斗机执行任务。很不幸，他的战斗机被敌机击中，坠落在荒山野岭里。不幸中的大幸是，他并没有丧生，但是双腿却受了重伤。双腿受了重伤，怎么行走？在这荒无人烟的地方，又怎么求救？他在战斗中侥幸未死，到底是幸还是不幸？他用自己的行动告诉了人们答案。整整十八天，他在地上整整爬了十八天，终于爬回了军营，保住了性命。在那十八天的历程中，他所受的苦难可想而知，但他坚持住了，没有放弃，也没有崩溃，有的只是一往无前的勇气。

经过治疗，他的性命保住了，但是双腿却残废了。他的人生似乎走到了低谷，因为一个没有双腿的人，是不可能再进入驾驶室的。可是，他却一点儿也不气馁，一点儿也不灰心丧气。他喜欢飞翔，喜欢享受在天空中战斗的感觉，所以他从未放弃继续飞翔的梦想。为了能够继续飞翔，他开始每天坚持锻炼，风雨无阻。奇迹发生了，他终于再次坐在了飞机驾驶室里，驰骋于蓝天之上。

如果他一直沉浸在痛苦中，那他永远都无法重回蓝天；如果没有内心满满的正能量，他无法战胜自己的身体。一个人的痛苦既然存在，你要做的就是激励自己，不断超越，所谓的颓废对一个人的一生来说不会有任何意义。

"失败者任其失败，成功者创造成功。"这句格言强调，胜利者天生是倾向行动的人。他们将自己视为世界舞台演员，而非被动地被他人行动牵制的受害者。敢于自我挑战者，即使失败了，也是人群中的胜者，因为他不断激励自己向着更高的人生境界发展。勇于激励自己，你才能不断超越自己，你才能摆脱压抑与堕落等消极情绪，因为你的精神境界所看到的不是当下的种种糟心的事，而是更高的理想和追求。

自我激励是一种积极的心理暗示，它能激发我们心底的潜能，使这种潜在的能量充满全身，让我们恢复体力，恢复自信，恢复原有的战斗热情。可见，自我激励是影响人生成功的关键因素，也是改变一个人精神力量的重要支柱。激励自己，超越自己，你的生活才会更阳光。

做一个敢于激励自己、勇于超越自己的人，我们需要记住以下几点：

1. 苦难面前，请保持健康向上的情绪

人们驾驭生活的能力，是从困境生活中磨砺出来的。和世间任何事件一样，苦难也具有两重性。一方面它是障碍，要排除它必须花费更多的力量和时间；另一方面它又是一种肥料，在解决它的过程中能够使人的能力获得更好的锻炼提高。面对苦难，请不要先消极堕落，痛哭流涕，你应该把它看做是锻炼自己的契机。

2. 保持积极心态来面对他人的拒绝

不要消极接受别人的拒绝，而要积极面对。你的要求落空时，把这种拒绝当作一个问题："自己能不能更多一点儿创意呢？"不要听见"不"字就打退堂鼓，应该让这种拒绝激励你发挥更大的创造力。

3. 不要极端的超越，试着接受一些生活中的事实

面对某种不能改变的事实，那就全心接受它。一个人不可能改变世界，我们所能做的，就是适应这个世界。所谓物竞天择，适者生存，想让自己开心，首先就不要那么极端，不要去钻牛角尖。

心理悄悄话

如何保持积极的人生观，百折不挠？这需要时时用"强毅之气"战胜自我，发现自身缺点并努力改掉，从而自动自发实现目标。简单地说，一个人能否实现心中所想，成就伟业，往往取决于内驱力的大小。

多一点兴趣，生活才会多一点色彩

生活的单调、乏味，常常使人陷入空虚。对于大家而言，如果大家对生活没有热情，缺少自己的兴趣、爱好，那么一旦他们有压力就失去了一个极佳的排解途径。所以说，兴趣对一个人的情绪来说至关重要，它是排泄不良情绪的一个好的出口，如果你能注重多方面发展自己的兴趣，那你生活的乐趣也会增添很多。

萧伯纳是英国现代杰出的现实主义戏剧作家，是世界著名的擅长幽默与讽刺的语言大师，在他15岁的时候，就因为家庭困难交付不起自己的学费而被迫辍学。在那生活困难的几年里，萧伯纳逐渐地对文学产生了兴趣。生活的不易、社会的现实、自己的遭遇等都成为了他的写作素材，他把自己的心情全部诉诸于文字，开始了自己的创作。起初那几年，他的创作道路是非常

不顺的。他曾经写过五部长篇小说，可是全部被出版社拒绝了。后来，他开始不断总结，不断反思，决定进行喜剧创作。经历了无数次的拒绝，一次次的付出也就白费了。

尽管如此，自己的兴趣还是支撑他走过了那段岁月，这份热忱，这份喜爱，让他越挫越勇。终于，功夫不负有心人，1923年，萧伯纳创作了历史悲剧《圣女贞德》，公演后获得空前的成功，被认为是最佳的历史剧。他成功了。1925年，因为他在文学史上做出的巨大成就，瑞典皇家学会授予他诺贝尔文学奖，萧伯纳成为了闻名世界的伟大作家。

很多人觉得自己无事可做，精神空虚、生活无聊，时间长了可能导致生理上的疾病。但是，兴趣广泛、精神生活丰富的人则可以很好地充实自己的生活，保持心情的愉快。所以，大家应该多培养自己的兴趣、爱好，为生活重新找到一个支点，使生活更加丰富多彩。

如果一个人的兴趣足够大，那他对于一件事的热忱和毅力就足够大。法布尔对昆虫有着特殊的爱好，他在树下观察昆虫，可以一趴就是半天。诺贝尔奖获得者丁肇中说，我经常不分日夜地把自己关在实验室里，有人以为我很苦，其实这只是我的兴趣所在，我感到"其乐无穷"的事情，自然就有毅力干下去了。有兴趣，你就不会在枯燥乏味的研究中感到苦闷，你就不会在长期的工作中感到难以坚持。兴趣，是一个人的毅力支撑。

一个健康的兴趣爱好能够培养人们高尚的道德情操，并且有助于身体健康。一个人如果有广泛的兴趣爱好，不仅能增加知识面，还能够不断感受到生活中的美好，提高自己的积极性。

兴趣爱好是我们的一种精神食粮，它能使我们的心灵更美，生活更有情趣，使我们的生命更有意义。爱好也是生命中一笔巨大的财富，是一次性存入银行，却取之不尽的"快乐存款"。

兴趣产生的力量不可估量，如果你极为热爱一件事，对此有着极高的兴趣，那你就会对此投入莫大的关注度。但是，我们并不能对所有事都保持极高的兴趣，想要在自己应该要做的和必须要做的事情上保持兴趣，我们需要注意以下几点：

1. 内心要有一定积极意义的期望

积极期望就是从改善你自身的心理状态入手，对自己所学习的某项爱好充满信心，相信这一定是非常有趣的，自己一定会对这个兴趣点产生信心。想象中的兴趣会推动你认真学习此类兴趣，从而导致对它真正感兴趣。

2. 积极参加有益的实践活动

因为广泛的实践活动能给人提出问题，所以这是培养兴趣的基础。一个人如果闭目塞听，孤陋寡闻，怎能培养起广泛的兴趣？例如，有人参观了书法展览，从此对书法感兴趣；有人自己做了晶体管收音机，从此对物理学产生了兴趣。

3. 内容一定要高雅

我们所提倡的兴趣爱好一定要是健康高雅的，比如，广阅群书、琴棋书画、练瑜伽、下国际象棋、鉴赏古物、品酒及游泳等都是可以的。欣赏过世界名作的眼睛，聆听过古典音乐的耳朵，吟诵过唐诗宋词的嘴巴，所表现出来的优雅和高贵，是任何化妆品也修饰不出来的！

心理悄悄话

当你对一件事保持高度的兴趣时，你在忙碌的时候，感到的就不是劳累，而是一种幸福感、成就感，你会以此为乐。同时，你投入其中的热情也会激发你更多的潜能，从而完成更大的超越。这时候，你已经不是为了成功而学习，而是为了兴趣而学习。

心存希望，让心情时刻阳光

在希腊神话里，西齐弗因在神界做错事，被罚到人间受苦。神对西齐弗的惩罚非常独特——让他在悬崖峭壁上推石头。

每天早上天刚亮，西齐弗就要开始努力地把大石头向上推，但是，石头总会顺势滚下来，西齐弗只能一次又一次地推上去，然而石头一次又一次地滚下来……西齐弗每天都在永无止境地重复着推石头的动作，他面对的是一次又一次的失败。众神觉得这是惩罚西齐弗最好的办法，因为这样可以折磨西齐弗的心灵，每次努力都徒劳无功的感觉是很让人沮丧的。他们不但要让西齐弗从肉体上受苦受累，还要让他永无成功之日，从精神上摧毁这个犯错误的人。

每次西齐弗推石头的时候，众神都一起打击他，告诉他面对的将是失败。但是，西齐弗并不气馁。他没有把思维定位在是成功还是失败上，而是考虑自己是不是尽到了责任：我只是负责推石头上山，它掉落下来就与我无关了。更难能可贵的是，他是用一种满怀希望的心态去推石头的，他安慰自己：幸好明天还有石头可以推，神界没有抛弃我，起码我明天还有事可做，明天还有希望。最后，众神被西齐弗这种毫不气馁和乐观的精神所感动了，他们一致同意让西齐弗回到神界。

希望是我们前行的灯塔。如果一个人的生命中没有希望，就犹如走在伸手不见五指的黑暗隧道中，不知出口在哪里，更甚者只是在一个圆圈内打转。拥有希望，心有盼望地看待未来，我们的人生之路才会越走越顺，越走越精彩。

美国著名短篇小说家欧·亨利在他的小说《最后一片叶子》里讲了这样一个故事：病房里，一个生命垂危的女画家从房间里看见窗外的一株藤蔓在秋风中一片片地掉落叶子。病人觉得自己的生命力就如眼前的萧萧落叶，总有一天会消耗殆尽，于是她的身体也随之每况愈下，眼看行将就木。她说："当叶子全部掉光时，我也将要死了。"一位老画家得知后，冒着大雨用彩笔画了一片叶脉青翠的树叶挂在藤蔓上。

最后一片叶子始终没有掉下来。而女画家也坚定了信念，开始心怀希望，最后竟奇迹般地活了下来。

有人说过，思想可以让天堂变成地狱，也能让地狱变成天堂。生活是什么味道，全在于自己的感悟。如果你相信自己能成为一个幸福的人，你的一生就会充满阳光；如果你认为人生充满悲哀、暗淡无光，你的一生就难见晴天。

人生在世，总要历经坎坷，总会在失望和绝望间打转。这时候，如果我们在心底里失去了希望，那么，此后的人生注定是一塌糊涂的。因此，不要让你心中的希望泯灭。无论是顺境还是逆境，都要在心中点亮一盏灯，永远照亮前行的路。

不幸的遭遇人人都曾遇到过，这是人生必经的过程，可是有的人却永远走不出这种痛苦，选择了消极应世，越发堕落，感觉人生再无希望。这种人生态度是不可取的，要知道失望是生活中常有的现象，但是面对失望，需要有积极的心态，时刻保持希望。

1. 心态要调整好，保持积极乐观

人生不如意十有八九。面对挫折、苦难，仍要保持一种乐观和积极向上的人生态度。如果你感到痛苦，证明你的心还未麻木。要相信，苦难总会过去，只要心存希望，幸福就会向你招手。其实，生命本身就是一种幸福——如蚌含沙，在痛苦中孕育着璀璨的明珠。

2. 不要总是轻易认命

人不应该相信命运，不应该觉得困难是无法战胜的，要学会不断地给自己希望。很多人无法走出困境，主要原因是他们把注意力都放在失败后怎么样怎么样了，即使某些差错是因为客观原因造成的，他们还是认为是因为自己能力不足，最后，他们也就很难获得成功。

3. 珍惜人生的每一次机会

心存希望的人，懂得把握每一次机会，因为机会就是希望。在人生的旅途中，他们总是让希望与信心伴随自己，所以不再迷茫，不再绝望。对于善于把握机会的人来说，死路往往也是一个出口，希望无处不在。

心理悄悄话

我们大家应该晓得这样一个道理，悲观绝望是挫折最好的帮凶，它只会将我们推入深不见底的黑洞，唯有心存希望，才能让我们看到黎明的曙光。所以，每一个人都应提高自己的抗挫能力，心存希望，保持乐观。

第 07 章
逃离悲伤情绪：你定可以做最好的自已

　　生活中我们会遇到许许多多的问题，解决这些问题已经需要耗费很大精力了，如果你还要在大脑里胡思乱想制造悲伤，那真的是自寻苦恼，愚蠢至极。每个人都会有悲伤的时候，但悲伤过后生活还是要继续的，总是沉浸在悲伤中不仅影响正常的工作和生活，也对健康不利。那么，怎么才能摆脱这种悲伤的情绪，重新获得面对未来的勇气呢？本章我们将为大家进行详细讲解。

别人的标准，真的适合你吗

我们每一个人都是独立而又充满个性的个体，不是复制品，也不是他人随心所制造的商品模子，所以我们需要活出自己，无需在他人的世界里迷失方向。不要依据别人的标准来改造自己，那样只会让你更加痛苦，就像穿了小鞋走路一样，往往会使你远离成功。

一个农夫与他的儿子，共同赶着一头驴到附近的市场去做买卖。没走多远，就看见一群姑娘在路边边说边笑。其中一个姑娘大声对他们喊道："嘿，快瞧，你们见过像他们这样的傻瓜吗？有驴子不骑，宁愿自己走路。"农夫听到这话，心中很是在意，于是立刻就让儿子骑上了驴，而自己则高兴地在后面跟着走。

一会儿，他们又遇见一群老人正在看着他们，并哀叹道："你们看见了吗？现在的老人可真是可怜。看那个懒惰的孩子一点都不孝顺，只顾自己骑着驴，却让年老的父亲在地上走路。"农夫听到这话，连忙就让儿子下来，自己又骑上去。

没走多远，他们父子俩又遇上一群妇女和孩子，几位妇女七嘴八舌地乱喊乱叫着："嘿，你们瞧远处那个狠心的老家伙，他怎么能自己骑着驴，让那可怜的孩子跟在后面走呢？"农夫听罢，又立刻叫儿子上来，与他一同骑在驴的背上。

将到市场时，一群城里的人大声叫道："大家来瞧，这头驴多惨啊，竟然驮着两个人，这头驴是他们自己的吗？"另一个人又插嘴道："哦，谁能想到他们这么骑驴，瞧驴都累得气喘吁吁了。"听罢这话，农夫和儿子急忙从驴上跳下来，用绳子捆上驴的腿，找了一根棍子将这头驴抬起来卖力地向前赶路。

当他们使出了浑身的劲儿将这头驴抬过闹市入口的小桥上时，又引起了桥头上一群人的哄笑。当时驴子受了惊吓，挣脱了捆绑撒腿就跑，不想却失足落入河中。农夫当时既懊恼又羞愧，最终空手而归。

生活中，像故事中这样的人很多。有些人丢弃了自己的意愿，活在别人的标准里，在别人的评判里找寻自我的价值。别人的一句诋毁足以泯灭他所有的信心，别人的一个眼光就能够扰乱他应有的方寸，这样的人活得太沉重。

童话里的红舞鞋，漂亮、妖艳而充满诱惑，一旦穿上，便再也脱不下来。我们疯狂地转动舞步，一刻也停不下来，尽管内心充满疲惫和厌倦，脸上也还得挂出幸福的微笑。当我们在众人的喝彩声中终于以一个优美的姿势为人生画上句号时，才发觉这一路的风光和掌声，带来的竟然只是说不出的空虚和疲惫。

因此，我们应该理性而又正确地看待他人的评价，学会淡然一点，放松一点。不管身处何种情境，都不必为他人的指指点点而迷失了方向，找不到做人的准则。不必处处担心别人怎么想自己、看待自己。当你懂得了这种释然，你就能体会到什么才是真实的、无忧无虑的生活。

1. 请记住自身不可替代的优点

每一个人都是一个个体。为了活得更好，个体与个体之间出现了相互作用。但是，无论如何，我们都不要失去自我。因为这个世界存在着一个共同特点——优胜劣汰。每个人都有优点，这个优点就是我们作为个体所需要极力展现出来的，这就是我们所需要的自我的一面。

2. 不要让自卑蒙蔽了双眼

自卑是一种因过多地自我否定而产生的自惭形秽的情绪体验。自卑感是一种觉得自己不如他人并因此而苦恼的感情。有这种心理状态的人，常常对自己的能力、品质等做出偏低的评价，总认为自己比别人差而悲观失落。自卑的最大负作用，就是会让你的人生变得碌碌无为。

3. 不要把面子看得太重要

其实很多时候，不要面子会活得更好。面子只是一种表面的尊严，过分地维护这种尊严，往往是内心脆弱的表现，最重要的是会丧失自我。要面子是许多人获得快乐的最大障碍。面子其实是一种虚荣，它和道德相比，只不过是一抹浮云和一阵轻烟罢了。

4. 繁杂社会，勿忘本心

人人都有自己的本心，在时刻变化的社会中，我们要前进，要时尚，但是请不要忘记了自己的本心，请记得保持好本真的自己。我们为了所谓的生活，忘记了本来保留在我们身上的东西，我们最讨厌阿谀奉承，但是我们自己却总是在阿谀奉承，我们不喜欢某个人却因为某种原因去说她的好，之后连自己也觉得自己虚假不堪。

心理悄悄话

对于他人的想法，请不要过度关心，更不要为了迎合别人而委屈了自己。别人的永远都是别人的，只有自己的才是自己的。这个世界上，唯有合脚的鞋子穿起来才会舒服，才能跑得更快一点。

无需悲伤，大不了从头再来

谈迁是明朝末年的史学家，他呕心沥血二十七年，几经考证取舍，且六易其稿，终于在五十三岁那年完成了明朝编年史——《国榷》。

面对这部可以流传千古的史学巨著，谈迁心中的喜悦自然不必言说。然而，天有不测风云，他没有高兴多久，就发生了一件意想不到的事情。

一天夜里，盗贼进入谈迁家偷东西，见到家徒四壁，没什么可偷的东西，就随手拿走了上着锁的竹箱，以为锁在竹箱里的《国榷》原稿是什么值钱的东西。这部几乎耗尽谈迁一生心血的著作从此下落不明。

面对如此沉重的打击，谈迁不禁老泪纵横。没想到二十七年的艰辛奋斗转眼间就化为乌有。这样的打击对任何人来说都是致命的，对年将六十、两鬓已开始花白的谈迁来说，无疑更是难以承受。但谈迁并未就此沉沦，而是迅速从打击中振作起来，下定决心再次从头撰写这部史书。

就这样，谈迁又重新踏上了"走百里之外，遍考群籍"之路。经过四年的不懈努力，终于第二次完成《国榷》初稿。初稿之后又开始了漫长的校正之路。经过十年的努力，又一部《国榷》诞生了。新写成的这部《国榷》共一百零四卷，五百万字，相比前一部内容更为翔实精彩。谈迁的努力终于给世人留下了宝贵的历史财产，他也因此留名青史、永垂不朽。

悲伤，是一种无用的消极情绪，它改变不了任何事，只会徒增烦恼。其实，洒脱一点更好，大不了从头再来。从头再来，让自己站在一个新的人生起点上，去开启一段新的旅程。人生短暂，我们没有足够的时间停留在唉声叹气上，我们更不能相信所谓命运之神的安排。我们要做的就是：擦亮双眼，用一张充满信心的笑脸去迎接新的挑战，走过去，前面才是一片天！

著名哲学家周国平写过一个寓言：

有一位少妇忍受不住人生苦难，遂选择投河自尽。恰恰此时，一位老艄公划船经过，二话不说便将她救上了船。

艄公不解地问道："你年纪轻轻，正是人生当年时，又生得花容月貌，为何偏要如此轻贱自己、寻短见？"

少妇哭诉道："我结婚至今才两年时间，丈夫就有了外遇，并最终遗弃了我。前不久，一直与我相依为命的孩子又身患重病，最终不治而亡。老天待我如此不公，让我失去了一切。你说，现在我活着还有什么意思？"

艄公又问道："那么，两年以前你又是怎么过的？"

少妇回答："那时候自由自在、无忧无虑，根本没有生活的苦恼。"她回忆起两年前的生活，嘴角不禁露出了一抹微笑。

"那时候你有丈夫和孩子吗？"艄公继续问道。

"当然没有。"

"那么，你不过是被命运之船送回了两年前，现在你又自由自在、无忧无虑了。请上岸吧！"

少妇听了艄公的话，心中顿时敞亮许多，于是告别艄公，回到岸上，看着艄公摇船而去，仿佛做了个梦一般。从此，她再也没有产生过轻生的念头。

失败未必就是坏事。如果你在失败中选择消极应对，那你将会更为堕落；但如果你在失败中选择吸取经验，不断完善，那恭喜你，这次失败对你来说其实是一件好事，因为它带给你的历练及成就远比一帆风顺还要丰富。没有昨天的失败，也许未必有今天的成功。人生最大的敌人是自己，只有敢于承认失败的人，敢于从头再来的人，才能最终战胜自己、战胜命运。面对失败，我们没什么可抱怨的，从哪里跌倒，就从哪里爬起来。

1. 保持一种"空杯"心态

一个人要想获得成功，就要将自己摆在一个不断向前的位置上，将心里的"杯子"倒空。别被那些成就、经验、利益、学识等东西束缚了自己，而是时时刻刻准备一切从头再来，敢于向自我挑战。经常如此，相信我们会慢慢获得进步，慢慢取得发展，在成功的道路上越走越远。

2. 敢于迎接生活的各种挑战

作为一个现代人，应具有迎接挑战的心理准备。世界充满了机遇，也充满了风险。要不断提高自我应对挫折的能力，调整自己，增强社会适应力，坚信挫折中蕴含着机遇，只不过是从头再来。

3. 用正确的心态看待失败

大波大浪才能显示人的能力，大起大落才能磨炼人的意志，大悲大喜才能净化人的心灵。人活在世界上，不可能一帆风顺，每个成功的故事里都写满了辛酸失败。敢于正视失败，能以正确的态度面对失败，不退缩、不消沉、不迷惑、不脆弱，才会有成功的希望。

心理悄悄话

从头再来，是一种不甘；从头再来，是一种坚韧；从头再来，是一种智慧；从头再来，是一种境界……"锲而舍之，朽木不折；锲而不舍，金石可镂。"从头再来需要我们忘却昨天的失败，需要我们有一种坚定的信念，以及不达目标誓不罢休的勇气。

要哭就哭，不必郁结悲伤

瑶瑶是一个坚强而独立的女孩。虽然经历了很多的坎坷，但是她从来都没有放弃过对美好生活的追求。她憧憬未来，不管是对爱情还是对事业，她都满怀希望。然而，又有谁的生活能够一帆风顺呢？瑶瑶大学毕业后找的几家单位都看似不错，实则鱼龙混杂，公司里存在各种各样的弊端，同事之间更是相互勾心斗角，瑶瑶虽然工作能力不错，可是为人不够圆滑，在人际关系方面很有挫败感。瑶瑶想过要改变自己，可是又谈何容易，最终，她感觉压力越来越大，而且无从释放。

在一个难以入睡的夜晚，瑶瑶想起了自己的种种经历。梦想遥不可及，没有人关心自己，还经历了那么多的曲折，终于，委屈涌上心头，喉头一阵哽咽，泪水夺眶而出。她越哭越伤心，把枕巾都哭湿了，最后哭累了，伴着眼泪进入了梦乡。

第二天醒来，瑶瑶感觉眼皮胀胀的，有些难受，但心情却很轻松。后来，压力很大的时候她常常通过哭泣来发泄。虽然哭的次数多了，但是却没有变得悲观，反而还乐观了不少，而且也更有活力了。

人们在情绪压抑时，会产生某些对人体有害的生物活性物质。哭泣时，这些有害的化学成分便会随着泪液被排出体外，从而有效地降低有害物质的浓度，缓解紧张情绪。有研究表明，人在哭泣时，其情绪强度一般会降低40%，这也是哭后比哭前心情要好许多的原因。

自从林丽被诊断为癌症住院后，原先活泼的她就变得沉闷不语了。邻床的一个大姐天天见她背着身睡在床上，眼睛红红的也不说话，就特意走过去安慰她。

其实林丽心里很想大哭一场，因为她觉得世界太不公平了，自己还这么年轻，怎么就这么不幸呢？可是父母已经很伤心了，自己不忍心在他们面前哭出来，怕父母多心，于是就一直憋着。

大姐到底是过来人，看见她这个样子，就试着开导她说："林丽啊，你看我在这里已经有一年多了，只有儿子偶尔来看看我，我看你丈夫天天跑得挺勤的。其实，你要是难受，不用憋在心里，哭出来就会好些的。"林丽听到大姐这么讲了之后，"哇"的一声便哭了出来，这场大哭淋漓尽致。哭过之后，原先郁郁寡欢的林丽不见了，她开始和大姐谈论起自己的病来。后来经过大姐的细心开导，林丽也逐渐变得精神起来，和刚住院的时候完全判若两人，并且还积极地配合用药治理，因为是初发症状，所以癌症也得到了控制，不久就顺利出院了。

面对压力，很多人因为爱面子，不喜欢说出来，于是一直憋在心里，长期下来就变得性情烦闷或萎靡，精神及生理疾病也会排山倒海般倾泻而来。朋友们，如果实在难受，疲惫，那就哭一场吧，相信哭过之后自己会舒坦一些的。流过泪的眼睛更明亮，流过血的心灵更坚强。我们不能一味地沉浸在哭和眼泪中，否则，成功和微笑永远不会到来。让悲伤随眼泪而去，我们要做的则是静下心来研究对策，解决问题。未来的好日子是要靠争取才能得来的。

1. 对"哭"有一个正确的认知

中华民族的传统社会文化中对"哭"有着偏执的误解，尤其是对男性，一个大老爷们哭哭啼啼会被看作懦弱、卑怯，从而饱受负面评价，所以中国男人不爱哭，不敢哭。越是悲痛，越是逞强，就越可能会吸烟酗酒，诉诸暴力，而不肯表露最原始、最简单的需求。

2. 不要持续长时间地哭

不过，哭一般不宜超过15分钟。悲伤的心情得到发泄、缓解后就不能再哭，否则对身体反而有害。因为人的胃肠机能对情绪极为敏感，忧愁悲伤或哭泣时间过长，胃的运动就会减慢，胃液分泌减少，酸度下降，从而影响食欲，甚至引起各种胃部疾病。

3. 哭完之后要重新审视自己的情绪

想哭，就哭出来。哭完之后，记得告诉自己，其实没有什么大不了的，最坏也就是重头再来，然后冷静下来，勇敢地面对问题，冷静思考，睿智处理。用哭泣的方式减压，能让你在尽情释放情绪之后，冷静下来，直面人生。

心理悄悄话

真情流露有什么不好？我们都是普通的人，都需要释放和表达自己的情感。如果你开心，那就笑出来，如果你难过，那就喊一喊，没什么大不了，总比积郁出病痛好的多。明明很高兴还故意表现得很平静，明明很痛苦还强颜欢笑，那不是悟道，那是压抑。

忘记悲伤，活出属于自己的幸福

人生充满了各种刺激，有酸就有甜，有苦就有辣，我们不可能事事顺心，也不可能长期不顺，所以，我们应该正视自己的生活，用良好的心态、积极的情绪面对一切。悲伤的事情，该忘记就忘记吧，你不可能一直活在过去，敢于面对未来才是你需要做的。

三毛小时候是个勇敢又活泼的女孩，喜欢体育运动，特别擅长语文。有一次甚至跑到老师那里，批评语文课本编得太浅太烂。

12 岁时，三毛以优异的成绩考取了台北最好的女子中学。但三毛的数学成绩实在很糟糕，考试常常不及格。然而好强的三毛发现了一个窍门。原来，数学考试的考题都是从课本后面的习题中选出来的，于是三毛每次临考，都凭自己的记忆优势把课后习题背得滚瓜烂熟，如此一来，一连几次她都考了满分。对此老师开始怀疑，特意在某一天把她单独叫到办公室让她临时做一张考卷，结果三毛答了零分。这位数学老师在全班面前羞辱了三毛，用毛笔在她眼眶四周涂了两个圆圈。此情此景令全班同学哄笑不止。老师并没有罢休，又命令三毛到教室外面，在大楼的走廊里走一圈。她不敢违背，只好走完了漫长的一圈。

事后，三毛对这件丢脸的事情无法忘怀，心理上一直都未曾调整过来，渐渐地她开始逃学、厌学，直至休学在家。甚至姐姐弟弟在餐桌上谈论学校的事情也让她感到痛苦，结果连吃饭她都躲在自己的小屋里，不肯出来见人，就这样有了自闭的倾向。

或许因为性格的原因，三毛一直期待一份美丽的爱情，遗憾的是，三毛连续遭受了多次感情创伤，初恋男友与其分手，她曾割腕自杀，幸好被救了回来；第二段感情又被一有妇之夫欺骗；当她终于与荷西开始幸福生活的时候，荷西却又因潜水意外丧生，三毛痛苦地说："他等了我6年，爱恋了我12年，诀别时没有跟我说一声再见。我所有的感情都随荷西而去。"

幼年的一些伤痛，情感上的多次受挫以及身体健康状况不佳影响着饱经风霜的三毛，虽然有相对成熟的心态来暂时承受这一切，可是三毛终究还是不堪重负选择了以死来获得自我解脱。

1991年，三毛在台北自杀身亡了，永远地离开了这个世界。不能确切地说儿时的这段不快的经历和痛苦的感情经历，与她最终放弃生命有必然的关系，但多少也会有所影响。

厄运是暂时的，过去的就让它过去。只有忘记悲伤的事，才能够真正生活得轻松；走出悲伤的阴影，你才能重见光明。可见，忘记是人生的一种大智慧，朋友们，一定要学会及时清洗自己的心灵，千万不要让悲伤长时间积压在心底，也不要让人生因为悲伤而迷了路。

生活如果只有快乐，没有悲伤，那离开了对比，你也就感觉不到快乐的幸福感在哪里了。正因为有悲伤，生活才更为充实、多彩。所以说，不要刻意对待让你悲伤的事情，也不要斤斤计较，经历了，就忽视吧，忘记吧，多想想开心的，让生活更快乐。

1. 不要事事放在心上

有时，一些人喜欢计较小事，对事对人太认真、太聪明、太苛刻了，实际上这些事情并不一定很重要，而且，这个世界上有许多事情是无法去计较的。一切算得明明白白，只会像红楼梦里的王熙凤，"机关算尽，太聪明，反误了卿卿性命"。

2. 宠辱不惊，拥有好心态

宠辱不惊，是一种处世智慧，更是一门生活艺术。人生在世，生活中有褒有贬，有毁有誉，这是人生的寻常际遇，不足为奇。古往今来无数事实证明，但凡事有所成、业有所就者无不具有"宠辱不惊"这种极宝贵的品格。荣也自然，辱也自在，一往无前，否极泰来。

3. 敢于改变自己

我们改变不了环境，但我们可以改变自己；我们改变不了事实，但我们可以改变自己的态度；我们不能延伸生命的长度，但我们可以决定生命的宽度，让"心灵做一次旅行"，诠释自然，感悟人生，理解生命……改变自己的心情，展现笑容……

心理悄悄话

其实，昨天并不能代表什么，不管昨天发生了多么不幸的事情，也不管受到了多大的挫折，那都只能代表过去，既不能代表现在，更不能决定将来。诗人雪莱说："过去属于死神，未来属于自己。"昨天失败了不要紧，总结失败的教训，继续新的征程才最要紧。

与其悲伤，不如坚持努力下去

曾经有位哲人说过，生活与生命的意义，并不在于你要经受多少折磨，也不在于你已经经受了多少折磨，而在于坚持不懈：经受挫折和磨炼是射击，瞄准成功的机会也是射击，但是只有经历了99颗子弹的铺垫，才会有一枪击中靶心的结果，这就是个等待的结果。

凯撒大帝是罗马共和国末期杰出的军事统帅和政治家。一次，他的军队在与敌人作战过程中，由于种种原因，损失十分惨重，因此军中士气非常低落。

当天晚上，凯撒大帝因为此事焦虑万分，他苦苦思考失败的原因和将来应对敌人的策略，因此休息得很晚。然而，那晚他却做了一个颇有意味的梦。在梦里，他遇见了一位智慧老人，智慧老人对他的情境十分了解，还给他讲了不少安慰的话，其中最关键的是一句至理名言。这句名言意义深刻，蕴含了人类克服所有困难的智慧。智慧老人告诉他，这句至理名言可以使任何一个人战胜任何困难，使他能面对挫折百折不挠，挽救败局，最终走出失败的困境。

得到名言，凯撒大帝十分高兴，可是他醒来之后，怎么也想不起那句至理名言。最终他只好招来所有的谋士，对他们讲述了一遍自己做的梦，希望他们能把那句至理名言想出来。另外，他还拿出自己的佩剑，对众谋士说："你们如果想出那句至理名言，就把它镌刻在我随身携带的这把剑上，我要用它来激励自己，征服整个世界。"

两天以后，几位谋士兴冲冲地给凯撒大帝送来佩剑，这时凯撒大帝看到，剑身已经刻上了一句勉励人战胜失败、走出逆境的至理名言："一切都会过去！"

朋友们，烦躁的情绪谁都会有，想放弃的想法也一样。但是这些焦虑以及悲伤的情绪对我们来说并没有什么好处，如果你总是沉浸其中，那就没什么成功可言。一切都会过去的，只要你勇于坚持。坚持，是战胜一切的强大力量，如果你用心坚持下去，那些伤心的、失望的、暴躁的事情都会烟消云散的。

我们都知道这样一句话："坚持就是胜利"。面对挫折轻易放弃，不仅会让你投入的精力付诸东流，久而久之，你也会产生这样一种心态：面前的困难是我无法克服的。长此以往，你不敢面对任何问题，心理素质越来越差。所以说，想要保持积极向上的情绪，请一定不要在困难面前颓废，学会坚持，用实力去解决问题。

坚持，说容易也容易，说难也难，这就要看你怎么对待了。世间的道理大多相同，一个人要想获得成功，万不可处处投机取巧，因为事事皆需努力，踏实的脚印才能走得更稳，才可能实现人生的飞跃，获得人生的辉煌。

懂得坚持，才不会产生自暴自弃的坏脾气，懂得坚持才会修炼自己的好品格。

1. 放弃时，想想之前的付出

当你不想坚持时，可曾想过流过的汗水和血水，这一切的积累就都舍弃了？但你的积累足够了吗？你的准备到位了吗？量变才能质变，如果你只是看似准备了很多、积累了很久，还没有发生你所期待的变化，切勿放弃，能否再多准备一些、再多积累一点呢？

2. 学会忍耐，在生活中历练自己

无论我们现在是一个默默无闻的小职员，还是一个不甘于当下环境的"三分钟"工作者，如果想真正改变自己，那我们就必须学会暂时地忍耐，忍耐环境对我们的磨炼和考验。既然选择了，就不要轻易放弃，否则我们将永远一事无成。到时候，你的一事无成会让你颓废不堪，你的心情也会越来越差。

3. 培养做事习惯，坚持有始有终

许多人有一种把工作做一会儿就放在一边的习惯，而且他们充分相信，他们似乎已经完成了什么。事实果真如此吗？你这样做，犹如足球运动员在临门一脚的刹那收回了脚，前功尽弃，白白浪费力气。

))) 心理悄悄话

一个能够经受住磨难的人，定会成为一名强者。困境不能完全成就一个人，但有所成就的人定是在困境中走到最后的人。朋友们，你还想中途终止你的梦想吗？请坚持下去吧，要记住，身体和灵魂一定要在路上前行。

换个角度，或许自己就不再悲伤

陈玲有一次和一个客户谈项目时，双方非常投机，对方突然决定立刻签订合同。可当时再通知日方主管已经来不及了，于是，陈玲出面与对方签订了合同。

其实细算起来，那应该算是一笔大单。但后来公司却以她擅自越权为由，向她提出了解约。当时陈玲无法理解为什么自己为企业带来了这么多的效益却仍得不到信任。

后来，她从侧面了解到：由于她的能力很强，她在公司内部的对手向日方管理打小报告，说她与客户私下有金钱交易。而这次她与客户签订合同，让本来疑心就重的日方经理下决心"炒"掉她。

对这个决定，陈玲非常气愤。但冷静下来后，她认为自己在这样的领导手下和企业环境中工作，对自己未来的发展会非常不利，这次的离职其实也是自己重新发展的一个大好契机。只是如果是以自己被"炒"为结局，实在不甘。于是她找到公司，要求由自己提出辞职。

之后不久，陈玲就经过努力找到了一份更好的工作。

面对这样令人愤恨的事，陈玲无奈背黑锅，但如果她一直沉浸在悲伤和怨恨中，哪天才能得到后来更好的发展。陈玲是一个聪明的女人，她没有悲伤地面对这次事件，而是觉得这是对自己的一个警示，一个重新发展的好机会，这种心态，值得大家学习。

王云是个平凡的女人，她性格内向，不善言谈，穿着朴素。她有一手好厨艺，有一个踏实的老公和一个争气的儿子。在单位里，很多女同事都羡慕她。然而，王云自己却不觉得幸福，她的内心时常会悲观和抑郁。

一天，王云和好朋友杨敏闲聊诉苦道："虽然老公对我很好，但是他是农村人，家里经济条件不太好，也没有一个好工作；儿子考上名牌大学了，本该是高兴的事情，但是想到每年都要上万元的学费，我就发愁。生活原本就不宽裕，这下子更拮据了。还有啊，我们每个月要给婆婆生活费，这些年我都没享过福，一想起没钱买房子给儿子结婚，我就觉得压力好大。"

杨敏听完王云的诉苦，耐心相劝道："其实你根本不需要悲观，你所担忧的事情，很多都是没发生的。未来的事情怎么发展呢？我们无从预知，何必忧心忡忡呢？再说了，你应该换个角度想问题，你老公对你很好，对家庭尽职尽责，这比起有钱的男人在外面找情人，是不是更让你感到幸福呢？你儿子考上了名牌大学，每年要上万元的学费，但将来会有大出息，他可以创造更多的财富来孝顺你，所以现在的付出是很值得的。虽然你们经济条件不太好，可毕竟都有工作，每个月有工资，还有什么发愁的呢？你看看，如果你这样想是不是觉得生活美好了很多呢？"

王云听了杨敏的劝告，脸上露出了会心的微笑，她感觉一下子轻松了很多。

生活中明明遭遇同样的不顺心，有些人能够坦然对待，依然保持一份快乐的心情，而有些人却整日郁郁寡欢，钻情绪的"牛角尖"。其实这就是以不同的角度看待问题的结果，能够换个角度看问题的人，痛苦再大，也会以"塞翁失马，焉知非福"的态度来看待不幸。

"你不能延长生命的长度，但你可以拓宽它的宽度；你不能改变天气，但你可以左右自己的心情；你不能控制环境，但你可以调整自己的心态。"其实，我们的生活并不是一无是处，抛开悲观的一面，就能换个角度，换种心情，换种活法。

换一下角度，发挥创新思维，在迈出困境的同时，也许就获得了柳暗花明的改变，那时你会觉得原来一切都没有想象得那么难。什么难题在你这里都不是问题，人生如此，该是何等地洒脱、何等地惬意。

1. 让自己的心淡泊一点儿

我们不妨学会淡泊一点。不要总想着我付出了那么多，我将会得到多少这类问题。一个人身心疲惫，情绪波动，就是因为凡事斤斤计较，总是计算利害得失。如果把握一份平和的心态，换个角度，把人生的是非和荣辱看得淡一些，你就能很好地控制自己的情绪了。

2. 希望，要时刻留在心里

要知道，每一个明天都是希望，无论自己身陷什么样的逆境，都不应该感到绝望，因为我们还有许多个明天。只要未来有希望，人的意志就不容易被摧垮，前途比现实重要，希望比现在重要，人生不能没有希望。

3. 在生活中焕发思维的活力

平日里，你可以多参加一些自己喜欢的健身活动项目，在运动中转换自己的思维；节假日里，你可以选择离开闹市，多多亲近大自然，享受阳光，这样也能转换你的思维角度，让你能从紧张的工作和生活中放松下来，同时也让你的气场得到重新焕发活力的机会。

心理悄悄话

常常转动脑筋，你才能足够聪明，否则，就会固守思想，缺乏灵活。如果一个人不善于思考，就无法想出更好的方法，找不到更宽的路子。思路一变难题解，思路一变天地宽。智慧往往有着点石成金的作用。

第 08 章
不愤怒不失控：别让愤怒的魔鬼控制你

亚里士多德说："任何人都可能发火。但要做到为正当的目的，以适宜的方式，对适当的对象，适时适度地发火，这可不易。"愤怒是一个人的本能反应，但是我们也要驾驭得了这种情绪，否则就会被它控制。一个人经常发火，不仅会影响与朋友或同事之间的团结，影响工作，还容易把矛盾激化，无助于问题的解决。对此，你可以认真阅读本章的内容，在愤怒处于萌芽状态时就控制住它。

散不出的闷气，危害超乎想象

在生活中，每个人都难免会碰到一些令自己不愉快的事，并为此生气、苦恼。这是很正常的，也无可厚非。可是，如果你一直沉浸在这种生气的情绪中，就等于处于危险之中，你的身体及精神都会遭受折磨。长此以往，还势必影响正常的工作学习和生活，有百害而无一利。

张雯自从失业之后就专心在家带孩子，丈夫小李的收入也足够一家人的生活，按说他们的日子应当过得非常幸福和谐，但是张雯经常会因为孩子的教育问题和小李吵架，两人的关系大不如从前了。张雯性格比较内向，话语较少，每次吵架拌嘴的时候都说不过做销售工作的小李，所以只好一个人生闷气。

一天，张雯照例做好饭菜等小李和儿子晨晨回家，小李怪她太宠晨晨，对晨晨的将来不利。为此，两人又吵了起来。晨晨回到家看见父母又在为他的事情吵架，便躲进了屋里。吵了一会儿，张雯说不过小李，便跑到卧室躺在了床上。

张雯心里非常生气，可是争辩不过小李，只好把房门关了起来。后来她越想越憋屈，于是收拾好东西想要回娘家住一段时间。拿着行李出来后，看到小李在门口抽烟，头也不回地走了。

在娘家住了一个多星期，小李也没有给她打过电话，回到家看着乱糟糟的客厅和厨房，两个人心里都有气，所以仍旧没有搭理对方。两个星期过去了，依然如此，现在他们的关系已经降到了冰点。

爱生闷气不好，生闷气是自己和自己过不去。会生活的人都懂得自我解脱，自我调节，遇到烦恼的事能够不想它或驱走它。而爱生闷气的人则不然，他会常把盲目的、无用的怨恨和遗憾留在自己的思绪里，而不能摆脱心中的烦闷，这不是在自我折磨吗？

在某企业上班的老陈是一个内向的人，一旦遇到不愉快的事就憋在心里，从不发泄出来，即使在家里也不向媳妇说。

由于老陈的沉默寡言，单位上一部分人把他当成了支使的对象。虽然老陈每次都很生气，但他一直沉默以对，从来没有提出过抗议。直到最近某天，单位出了事故，同事们把责任都推到老陈身上。老陈怒火攻心，但有口难辩，突然晕倒在地。送医院抢救之后，医生说，由于长期精神紧张，诱发高血压、冠心病，生命危险！

"怒伤肝，忧伤肺"，那些郁积在心中的不愉快情绪使内脏活动紊乱、内分泌系统失常，胃口不佳、消化不良，而且，长时间的烦闷还会导致血压升高，甚至导致冠心病。另外，闷气是一种不愉快的情感体验，它是一种消极的甚至会破坏正常情绪的反映。一个人若是情绪恶劣，其记忆力将会减退，思维能力也大受影响，同时，喜欢生闷气还会影响到一个人的正常人际交往。所以对于这样的情绪，不管是为了心理健康，还是为了身体健康，大家还是远离为妙。

有了烦恼、怒气，若不及时宣泄，必然会变成闷气。因此，当自己愤怒时，或者闷气郁积的过程中，我们需要及时地将那些不满的情绪宣泄出去。当然，宣泄情绪的方式有许多种，这里给大家简单介绍下：

1. 找朋友谈谈心、诉诉苦

"一个人如果有朋友圈子，就能长寿20年。"的确，向朋友倾诉内心的烦恼是排除不良情绪的有效办法。当自己有不良情绪时，有可能会越想越愤怒，越想越伤心。这时，若是约个朋友，将郁闷之气尽情地倾诉一番，向朋友寻求支持和解答，那么就会获得一种心理上的平衡。

2. 生气的时候不妨反省一下自己

生气时，应该自我反省，为什么我这么容易生气？那是因为自己习惯逃避，不想面对现实。最好的办法就是让自己做得更好，生气不如争气，因为生气只会让别人感觉到你自制能力差。一味地沉浸在低落的世界里，让自己在原地停滞不前，毫无进取，那是最愚蠢的做法。

3.让自己的生活多一点儿幽默

爱生闷气的人的生活常常是很单调、枯燥的。把幽默引进生活，让生活充满情趣和笑声，你就不会感到苦恼、烦闷了。据医学实验证明，笑，可以促进血液循环、通气开窍、消除紧张和烦恼。给自己创造一个充满笑声的环境，从而改掉爱生闷气的毛病。

))) 心理悄悄话

遇到烦心事，如果不说，常憋在心底，那就极易抑郁成疾。很多人都觉得不好意思开口，怕说多了别人笑话，又怕说出来惹出更多麻烦，于是就选择闭口。其实，如果你有此忧虑，你可以找个没有人的地方自言自语地叨咕一阵，什么话解恨就说什么话，也可对你所恨的人或事痛骂一顿，借此消除淤积之闷气。

动辄就怒火冲天，这是一种愚蠢

我们常常看到这样一些现象：地铁上人山人海，你靠着我，我靠着你，无法避免的拥挤、碰撞使彼此之间火冒三丈，吵得不可开交；学校里，同学之间经常为一些鸡毛蒜皮的小事，如不小心碰落了别人的铅笔盒之类而出言不逊，大动肝火，怒气冲冲；同事之间，你抢了我的风头，我说了你的坏话，彼此怒火冲天，办公室被这些暴躁的人闹得乌烟瘴气。其实，这些事情很多都是无原则的冲突，不必要的感情冲动，毫无意义的犯颜动怒，是无益之怒。

林珊是一家公司的部门经理，她一向待人温和，可是最近由于工作压力加大，她变得烦躁易怒，心中充满无尽的恐慌，对同事和丈夫都失去了耐心，内心焦虑，动辄就大发雷霆。同事对她都是退避三舍，丈夫也对她担心不已。

后来，林珊看了一本书，书上说，快要发怒的时候，从一数到十，这样内心就会很快平静下来。

一次，公司新来的实习生小米把一份重要文件当成垃圾丢进了粉碎机，这太让人生气了，面对一脸歉意的小米，林珊突然决定照着书中的说法去做。林珊在内心默默地数数：1，2，3，4，5……既然文件已经粉碎了，那么只好重新做一份了，反正也就是一两个小时的时间。在数数的时候，林珊已经想好了补救的方法，当她数到十的时候，惊讶地发现自己心中真的没有刚才的怒火了。"小米以后做事要认真点，记住了！"林珊对小米说。林珊看见小米受宠若惊地逃回办公区，嘴角微微一笑，看来控制自己的情绪也不是一件特别艰难的事情。

其实，在现实生活中，没有一个人喜欢在大庭广众之下表露自己的愤怒情绪，没有一个人喜欢自己动不动就发怒的习惯。任何一个精神愉快、有所作为的人都不会让它跟随自己。愤怒情绪是一个误区，一种心理病毒；它同其他病毒一样，可以使你重病缠身，一蹶不振。如果你控制不住情绪，那情绪就会反过来控制你，所以说，强大起来吧，不要做愤怒情绪的奴隶，否则你将永远被牵着鼻子走。

王玲玲是个独生女，从小被父母宠爱，养成了一身大小姐脾气，常常因为一点点小事就莫名其妙地大发脾气。现在到了公司，还是不改这臭脾气，搞得人际关系十分紧张。

一次，公司在酒店举行晚宴，当服务员来送红酒的时候，一不小心，把红酒溅到了王玲玲的晚礼服上。服务员一个劲儿地道歉："对不起！对不起！"

可是王玲玲看到自己崭新的晚礼服被弄脏了，马上火了，一下站起来，大声责备道："你怎么回事啊，你这样还能当服务员吗？你知道我这件晚礼服多少钱吗？你赔得起吗？"

大家听到这边发生了争吵，都把目光投过来，公司领导们更是对王玲玲的素质产生了很大的怀疑，他们很难相信平时乖巧的小女生会在大庭广众之下大喊大叫，一点儿也不注意个人形象。

如果你不懂得控制自己的愤怒情绪，这不仅会影响你自己的身心健康，还会影响你的交际，王玲玲的案例就是一个教训。一个人的情绪问题能从侧面反映出他的素质问题，所以，如果你想在他们面前树立一个好的形象，那就先从克制自己的情绪开始吧。

此外，愤怒，不管是对自己的生命，还是对他人的生命，都是一个非常大的威胁。人在怒发冲冠的时候，什么事情都能做得出来。尽管大部分情况下，这些事情他们不愿做，但是吞噬了理智的疯狂已经由不得他们选择。如果你被愤怒冲昏了头脑，那迟早会做出后悔的事。

1. 对于一些问题，要学会理性回避

面对令人愤怒的人或事，只要不涉及危害社会和他人安全，就无必要去争个高低，而应冷静地分析一下利弊，尽快避开所处的困境。眼不见为净，耳不听则宁。让理智战胜冲动，心中的怒火也就会自然而然地熄灭。

2. 把愤怒的情绪转移到其他地方

当你因某事生气，想要发怒时，最好努力使自己暂时忘记它，转移注意力，或者干脆暂时放下手上的一切，舒缓一下愤怒的心情。比如，你可以花些时间，到公园或树林里走一走，享受林间、溪流或池塘的安详与静谧。当你沉浸在这一切的祥和中时，你就会平静很多。

3. 换一种思维看待问题

你不妨以新的思维方式让自己保持精神愉快，从而不让别人的言行影响自己的精神状态。你可以学会不让别人的言行搅乱自己的心境。你只要自尊自重，拒绝受别人控制，便不会再用愤怒来折磨自己。

心理悄悄话

假如你真的想变得更好，那你的人生态度就会转变，紧接着你的习惯也会转变，进而性情变得更为阳光。在顺境中感恩，在逆境中依旧心存喜悦，远离愤怒，认真、快乐地生活，怀大爱心，做小事情。如此，你的生命一定会大放异彩！

改改臭脾气，生活才会更美好

一对恋人，小乔和韩亮，相爱了五六年，准备结婚。

韩亮父母去小乔家提亲，小乔家长的意思是，结婚可以，但要把人娶走，必须按照当地的风俗来，那就是韩亮得以小乔的名义买一套婚房，再给他们十万礼金。而韩亮家长的意思是，十万礼金可以办到，但再以小乔名义买一套婚房是不可能的。双方僵持不下，各自儿女怎么劝也没用，这门亲事只好拖着。

韩亮和小乔在外面打工，照旧同居一处。后来，小乔未婚先孕，不得不结婚了。

小乔把怀孕的消息告诉了父母，希望拿到户口本去结婚，谁知铁石心肠的父母还是咬着婚房和十万礼金不放。韩亮父母一生气，干脆说："不嫁就不嫁，我们还懒得管了呢！"双方家长继续僵持。转眼几个月过去了，小乔的肚子越来越大。小乔家长觉得再拖也不是个事儿，开始放宽条件，十万礼金改成了五万，但婚房必须要买。韩亮无动于衷。

韩亮和小乔夹在中间，心里也很烦。没有结婚证，办不下准生证，未婚生子传出去名声也不好，加上来自双方父母的责怪和压力，烦心事儿一多，脾气就不好。小乔拼命催韩亮，责怪韩亮没本事，韩亮则埋怨小乔父母不讲理。

这样吵来吵去，好好一段感情就被搅黄了，结果以分手告终。

分手后，小乔父母十分着急，去求韩亮父母，韩亮父母也被说得心软，只是小乔和韩亮两个人已经伤到彼此的心，再也无法复合了。

每个人都有自己的脾气，可是这并不代表着自己的脾气都是好的，很多时候，大家是看不清自己的臭脾气的，或者是太冲，又或者是太不讲理，这些臭脾气是一个人性格的缺陷，如果不好好克制一下，很多美好的事情都会被搞砸。

黛西是一家公司的运营经理，她才华横溢、雷厉风行，深得上司的器重。但是，由于过于自信和脾气暴躁，黛西经常与同事和下属发生争吵。往往争吵过后，她自己马上就忘了，但给别人造成的不愉快却是持久的，于是大家给她起了个绰号："母老虎"。刚开始的时候，这个绰号让黛西感到异常委屈和苦恼，但经过一段时间的冷静思考后，黛西似乎意识到了自身缺陷的危害，便开始试图控制自己的脾气：即使自己百分之百正确，也尽量避免与人争吵。后来，黛西深有感触地说："我终于明白，一个人即便再优秀，如果他控制不住自己的情绪，改变不了自己的臭脾气，那么他的生活也会一团糟，他周围的人也不会喜欢他。"

脾气，是日常生活中常常碰到的普遍心理现象之一。不少人脾气急躁，遇事容易冲动，特别是面对一些不顺心或自己看不惯的事，常常容易生气或恼气，有时还同人家争吵，说出一些使人难堪的话，或影响了人与人之间团结，或影响了家庭的和睦。事后，即便是后悔，也已经来不及了，其所造成的影响已经成了事实。

毫无疑问，再怎么说我们也已经是成年人了，不能再像个孩子一样任性撒泼，我们应该很清楚被情绪左右会给我们的人生带来多么严重的后果。所以，从现在开始，好好克制住你的坏脾气吧，不要因为一时的冲动，毁了自己一辈子的快乐生活。

1. 用心去做好自己该做的事情

如果我们集中精力追求自己的梦想，生活中的烦恼便会大大减少，我们也就不会再为小事而抓狂。因为我们在追求自己梦想的过程中实现了自身的价值，就不在乎身边这些小事了。朋友们，我们一生需要做的事情太多了，难道你还舍得浪费时间去烦躁、去发臭脾气？

2. 遇事先思考，避免冲动

请记住，凡事三思而后行。要想让自己不发脾气，那么在遇到事情时就不要急于发表自己的见解，考虑一番再决定，学会忍耐，变得成熟一些，深邃一些，就不会乱发脾气了。因为发脾气对事情的解决没有任何好处，还增加了阻力，又何苦呢？

3. 对自己进行积极的心理暗示

当你心有不快，想要通过发火的方式来发泄时，你可以通过语言的暗示作用来调整自己。比如，你的朋友做了伤害你的事，你很想将他骂一顿，那么，此时为了不让事情产生严重的后果，你在冲动前可以告诉自己："千万别做蠢事，发怒是无能的表现。发怒既伤自己，又伤别人，还于事无补。"在这样的一番提醒下，相信你的心情会平复很多。

心理悄悄话

我们身边不乏这类人，他们极易发火，一件芝麻小事就会让他们暴跳如雷，我们都称之为"臭脾气"。其实，这类人中大部分人本质是没问题的，很多人还有着侠者心肠，可是就因为他们的坏脾气，遮掩了他们美好的一面，刺痛了朋友的心，于是在人际交往中越来越被孤立。

动不动就生气，伤害的只是自己

有句话说得好，"生气是拿别人的错误惩罚自己"。是啊，做错事是别人的问题，生气气的是自己的身子，如果把自己气坏了，把自己气得心烦意乱，对别人又有什么损失？损失的只是自己而已，想想这又何必呢？"别跟自己过不去"，这是一句平凡得不能再平凡的话，当自己静下心来仔细想想时，就会发现，平凡的话中饱含了真理。生活在愉悦与烦恼同在的世界中，"跟自己过不去"，只能是既伤神又伤心，既费时又费力。所以说，心宽一点，心情才好一点，为了自己，也千万不要动不动就生气。

寺庙里有个方丈，他最喜欢兰花的清雅，讲经礼佛之余，在庙里种了不同品种的兰花。开花的季节，香气缭绕，常常有诸多的香客来观赏。

方丈对这些兰花照顾得很是精心，外出讲经的时候，就嘱咐小和尚来照管。其中一架兰花非常名贵，他就一再叮嘱小和尚切莫大意。方丈走后，小和尚依言每天对兰花浇水施肥，尤其是那架名贵的兰花，唯恐出一点纰漏。可是越紧张越出事。有一天小和尚在照管这架兰花时，不小心跌了一跤，整个兰花架倒地，花盆碎成一片。

小和尚忙收拾倒地的花架，可是已经来不及了，花从盆子里跌出来散落在地上，部分娇嫩的兰花都已经摔坏。小和尚想起师父临走前的嘱咐，非常自责和害怕。剩下的几天里，他吃不香睡不着，战战兢兢地等着师父回来责骂自己。

师父回来后，小和尚心惊胆战地对方丈讲了自己打碎兰花花盆的经过，并向方丈赔罪。方丈看着泪流满面的小和尚，并没有责骂他，反而和颜悦色地安慰起了小和尚。

小和尚吃惊地问："师父，要知道那可是您最心爱的兰花呀，我摔坏了它们，你应该很生气才对，怎么不责骂我呢？"

方丈笑笑，说："我种兰花是喜它清雅，用它供佛，可不是为了生气呀。"

是啊，要有多深的修养才能换来这样深刻的理解啊！养花是喜欢它的清雅，而不是为了生气，如果大动肝火，那就看不出方丈的道行了。生气之后，除了气得自己难受，破坏彼此关系，还能收获什么呢？何必徒增烦恼。方丈的宽容，值得我们大家深思。

生气是用别人的过错来惩罚自己的蠢行。一个能够控制自己情绪，做到尽量不为小事生气的人是聪明人。聪明人的聪明之处，是善于利用理智将情绪引入正确的表现轨道，使自己按理智的原则控制情绪，用理智驾驭情感。

研究表明，动辄生气的人很难健康、长寿，很多人其实是"气死的"。由此可知，一个人大发脾气或生闷气时，在生理上会产生一系列变化和反应，致使人体各部分受到损伤，甚至危及生命。这样的人脸上当然也不会有什么好气色，更不用说变成一个气质出众的人了。

生气的危害超乎我们的想象，为了身体健康，为了保持良好的情绪，为了周围环境的和谐，大家还是学会宽心为妙。

1. 寻找方法，积极面对问题

就像一句话说的：别人生气我不气，气出病来无人替。这也就告诉我们，面对人世间的不公平，面对自身的不足，面对错误的事情，只有积极乐观地面对，才可能真正做到心如止水，寻找正确的解决办法。所以说，遇到问题，解决是关键，一味生闷气没有什么用处。

2. 与其生气，不如长长自己志气

生气是一种态度，长志气也是一种态度，关键看你自己如何选择，选择了前者，可能会让你心情更糟，而选择了后者，则有助于增加你奋斗的动力，促使你早日取得成功。所以，生别人的气，不如长自己的志气。

3. 懂得宽容，你才不会经常生气

我们的生活需要宽容，我们要学会"宽以待人"。生活中，我们应该与人为善，严于责己，宽于待人，这样才能构建与他人和睦相处的和谐关系。不要总是抱怨他人、指责他人，要知道"当你伸出两只手指去谴责别人时，余下的三只手指恰恰是对着自己的"。

))) 心理悄悄话

烦恼一旦生根，就会生长，最初的一丁点儿小问题，越想就越觉得严重，越想就越是不顺心，于是人就烦躁起来，开始为每一点儿小事而怒气冲冲，总觉得世界上所有人所有事都联合起来触自己霉头，惹自己生气，却没想过，同样的世界，为何有人活得津津有味，自己却总是愁眉不展。

冲动是魔鬼，你需要的是理智

美佳是一名业务经理，她经常因与客户的应酬而忙得焦头烂额，因此也冷落了家庭和深爱她的老公隆哥。隆哥长得风流倜傥，一表人才，他在一家跨国公司的技术部门任主管。就在美佳冷落隆哥的这段时间里，隆哥的部门来了一名热情而又漂亮的女孩，因工作上的关系，隆哥对这个充满温柔感的漂亮女孩渐渐产生了好感，他们经常下班后出去吃饭聊天，但他们的关系还没有发展到越轨的程度。

隆哥的经常晚归，终于引起了美佳的警惕。一天，美佳通过好友终于了解了隆哥最近的不正常情况。美佳一怒之下，冲到隆哥的办公室大吵大闹，还动手与那名情敌女孩厮打起来。隆哥原本保留在心中的对美佳的爱和歉疚，就这样被美佳的一时冲动给统统破坏了。不久，隆哥提出了离婚，两人最终分了手。

也许你无端受到伤害或欺负，也许你一招不慎，在人生路上迷失了方向，也许……你的心正经受着痛苦的煎熬，你的精神正在崩溃的边缘徘徊。但是，千万要记住认真对待，学会控制，要知道，上帝欲毁灭一个人，必先使其疯狂。

有的人因一时冲动就大发雷霆，大动干戈，大喊大叫，蛮不讲理。更有甚者，有的人情绪一上来，就什么都不顾了，六亲不认了，任意地宣泄自己的情绪，这就是冲动，这就是不理智，是素质低的表现。事后，往往都会很后悔。但是，往往是悔之晚矣。所以说，大家一定要时刻记住冲动产生的可怕后果，遇事要冷静，冷静，再冷静。

王敏是一家软件公司刚上任的宣传部主任。公司经理引领她来到一间宽敞的办公室，对着一屋子同事宣布王敏正式走马上任，并指着一位40多岁的女士说："这是你的助理刘小姐，有什么不清楚的，请她告诉你。"不过，等公司经理一离开办公室，刘小姐便旋即开口："抱歉，我今天有很多事要做，所以没有太多时间和你好好聊！"说完话，刘小姐一头埋进工作，一整天没跟王敏说一句话。而且，除了刘小姐外，办公室里的其他三个同事也对她横眉冷对，商洽工作时爱答不理，那副做派，仿佛王敏不是他们的上司，而是给他们打杂的。

面对同事的排挤和刁难，王敏既没有暴跳如雷，也没有以牙还牙，而是积极冷静地寻求解决之道。她先是旁敲侧击地摸清了这股不明敌意的底细，原来，这几位同事都为公司效劳了两年以上，每个人都以为宣传部主任的职位能落到自己头上，没料到这个肥缺让王敏占了。找到源头了，王敏也明白了，几位同事的刁难并不是冲着自己，而是对公司的人事决策不满，于是，她在办公室里持之以恒地发送着自己的友善，经过几次以德报怨的交锋，大家都为王敏的冷静善良折服，满心欢喜地接受了这个年轻的上司。

一个聪明的人能够控制自己的情绪，一个愚蠢的人常常会被自己的情绪所控制。所谓成功的人，就是突破心理障碍最多的人，因为每个人或多或少都会有各式各样、大大小小的心理障碍。那么，我们如何才能突破心理障碍，成为一个善于掌控情绪，避免冲动的理智之人呢？

1. 有意躲避，避免自己失去理智

当人处于愤怒时，大脑皮层中往往会出现强烈的兴奋点，并且它还会向四周蔓延。为此，善于运用理智有意识地去转移兴奋的中心，眼不见心不烦。比如，有意逃避，躲开可以引起争吵的对象、发怒的现场，到其他的地方干点别的事情。

2. 懂得忍耐，才是控制情绪的强者

忍一时风平浪静，为了让自己做一个理智的人，就应该多从更加宽容的角度去看待那些不愉快。比如，发生小争执后，多想一想别人的处境，看看问题是不是真的出在自己身上，再反思一下冲动可能酿成的后果，这样便可以把自己的思绪从愤怒中拉回来。

3. 想一下，寻找更好的避免冲突的方法

首先，要明确冲突的主要原因是什么？双方产生分歧的关键在哪里？然后，再想一想：解决问题的方式可能有哪些？哪些解决方式是冲突一方难以接受的？哪些解决方式是冲突双方都能接受的？最后，找出最佳的解决方式，并采取行动，在这一过程中逐渐积累经验。

心理悄悄话

那些比较冲动的人，一般很容易被他人激怒，进而会做出一些超乎想象的事情。一旦造成危害，说后悔将为时已晚。所以说，冲动是魔鬼，倘若我们面对事情时能够认真地考虑一下，在大脑中把过程走一遭，缓缓再做决定，那么将会避免很多悲剧。

换位思考，就会减少怒气

陈哥在自己的网络公司新开了一个项目，这个项目在前期需要投入的资金很大，不仅需要他亲力亲为地监督项目的运作，还要求与此项目有关的人员在项目未完成期间不能请假，新项目开展后，公司里不少员工都不得不在白天工作完后，继续加班。陈哥看到员工们这样任劳任怨，就得意扬扬地说："这叫战友情谊！"

但是时间一长，就有员工开始抱怨了。

那天，负责此项目的亮亮在茶水间抱怨公司没人性，说陈哥不但不替员工考虑，还变相压榨员工。陈哥正好在茶水间外面，听到了亮亮的抱怨后，顿时怒火中烧。陈哥指着亮亮，大声呵斥道："亮亮，怎么说话呢！你拿着我给你发的工资，不干活干吗？难道是来让你享受的吗？你爱干不干，外面很多人想进来还进不来呢！"

陈哥说的本是一时气话，谁知亮亮马上就递交了辞职书。

冷静后的陈哥想到，亮亮在此项目中有着举足轻重的作用，就有些后悔了。可惜木已成舟，怎么做也不能把亮亮留住。就这样，由于此项目的负责人亮亮的离开，让陈哥在这个项目上付出了很大的代价。

如果陈哥懂得换位思考，懂得站在对方的角度看问题，他就不会自私地只考虑个人利益，而不顾员工的死活，进而也不会控制不住自己的情绪，与亮亮争执，造成公司重大的损失。

人们也都有这样一个重要特点：即总是站在自己的立场去思考问题。假如我们能换一个角度，总是站在他人的立场上去思考问题，最终的结果就是多了一些理解和宽容，改善和拉近了人与人之间的关系。这一切都是从换位思考做起的，宽容这一美德也来源于换位思考。

宁宁很快就要跨进婚姻的殿堂了，但让她犯愁的是与婆婆的相处！有关于婆媳之间的纷争，宁宁已经听了很多，所以在婚前与婆婆相处时千般小心。两年下来，与婆婆的相处倒也平安无事，但毕竟未嫁入家门。现在就要成为真正的媳妇了，宁宁担心自己不会处理婆媳关系，特别是婚后还要和婆婆住在一起。

宁宁跟妈妈说了自己的担心，妈妈笑道："孩子，试试换位思考的方法吧。如果遇到矛盾，就想想如果自己是婆婆，会怎么做、有什么样的心情和

想法。一旦了解了，就能够明白婆婆的所有做法了。"

婚后，宁宁常常把"换位思考"这四个字记在心里。果然，日子过得平静无波，婆媳间就像母女一样，关系十分融洽。后来，在一次聊天中，宁宁才知道，原来婆婆也和自己有同样的担心，而婆婆也经常站在自己的角度进行思考。如此一来，两人的关系自然就越来越亲近了。

尤其在中国，婆媳问题从古到今都是一个难题，大多数人对于处理婆媳关系的问题可以说是煞费苦心。其实，想要解决这一问题，我们不妨学学宁宁，站在对方的角度思考问题。立场的不同会产生摩擦，不及时解决就会彼此硝烟不断。这时，换位思考一下，往往会发现，问题其实可以迎刃而解。

当你在和别人沟通过程中发生冲突时，尝试着站在对方的立场上来思考问题，就会很容易和平地解决问题。如果用强制的手段去解决问题，即使对方认错了，也很容易出现口服心不服的情况，而且还会为下一次更大的冲突埋下隐患。懂得换位思考，生活才会少一点儿摩擦，你也会少一点儿怒气。

1. 要懂得观察对方的情绪

俗话说："出门观天色，进门看脸色。"人的情绪有很多是通过非语言方式表达的，察言观色是人们感受别人情绪的常见方法，人的喜、怒、哀、乐，容易常常挂在脸上。不注意观察别人的情绪表现，与人交往时就容易遇到尴尬，有时甚至遭受难堪或者失败。

2. 懂得尊重他人

我们要切实认识到：生命是世界上最宝贵的东西，每个人的生命都是同等的、无价的，并无贵贱之分。只有基于这样的认识，我们才能从根本上体会公平的意义，才能做到尊重人，理解人，帮助人。一个连人的意义都不能正确理解的人，是做不到心胸豁达的。

3. 学会多角度看问题

任何事物都是相对的，站在一个角度看是一种感觉，换一个角度看，感觉可能就会不相同。因此我们不要片面地看问题，尤其不能只站在自己的角度看问题，应调整好自己的参照点和观察点，多站在对方的立场观察，以便形成良好的感觉和积极的心态，得出更全面的结论。

))) 心理悄悄话

　　做人要站在别人的立场上多为别人想一想，看问题也要经常换一个角度。所谓的换位思考，就是换一个角度看问题，并不是一成不变地跑直线，就像我们平常所说的那句话：不撞南墙不回头。

第 09 章
跳出抑郁沼泽：去寻找通往快乐的大门

　　抑郁这种情绪非常复杂，他夹杂着忧郁、自卑、愧疚、痛苦等情绪，它不仅是广泛的负情绪，又是特殊的正常情绪；抑郁超过了正常界限就会畸变为抑郁症，成了病态心理。所以，我们应该及时地自我审视一番，看看自己是否处于抑郁中，如果是，那就尽早帮助自己走出这个沼泽，回归阳光生活。人生本就该是被快乐围绕着，远离抑郁才能拥抱快乐，成为一个身心都健康的人。

避免心理感冒，远离抑郁情绪

在生活中，每个人都要面对许多的人和事，这其中不可能都是令人愉快的。人在遇到不愉快的事时常常会产生不愉快的情绪，抑郁就是常见的反应之一。抑郁被称为"心灵流感"，是现代社会的一种普遍情绪，但抑郁并没有引起人们足够的重视，然而较长时间的抑郁会让人悲观失望、心智丧失、精力衰竭。患了抑郁症的人长期生活在阴影中无力自拔，只有积极调整自己的心态，才能走出抑郁的阴霾，重见灿烂的阳光。

小敏是家中的独生女，父母都是知识分子，对她期望非常高。因此，小敏从小受到多于别人的教育，智力开发也比别人早些，学习成绩一直很好，每次考试成绩都是优秀。

但是，期中考试时，小敏患了重感冒。由于身体不适，再加上精神紧张，有一科没考好，因此，随后的考试也受到影响。尽管小敏没有考好，但是爸爸妈妈并没有责怪她，反而鼓励她，可小敏仍然不开心。从那之后，她开始变得不爱说话，高兴不起来，有时候明显精神不振，好像没睡醒，在家学习时也不能聚精会神。妈妈还发现，自那次考试之后，小敏的饭量明显比以前减少了。

又过了几天，小敏总说身体不适，不想去上学，妈妈要带她去医院，她也显得极不情愿，不肯去。妈妈没办法，只好帮她跟老师请了假。在家里，小敏一直躲在自己的小屋子里，只有吃饭的时候才出来。

妈妈很心疼小敏，于是给班主任老师打了个电话，询问小敏的近况。老师告诉妈妈，自从期中考试之后，小敏就像是变了个人似的，整天不说话，也不开心，下课也不和同学们一起玩耍。上课的时候不认真听讲，学习成绩有下降趋势。

人为什么会患有抑郁症？有些人患有抑郁是因为感情挫败，有些是生活不如意，有些则是因工作或学习上的事，总之就是情感承受不住现实的"摧残"而出现的极端心情，在这极端心情的催促下滋生出各种不良状态，从而加深了抑郁的症状，使得精神逐渐迈向了严重抑郁。

抑郁是一种不快乐的情绪状态。抑郁情绪严重的人，可视为抑郁症患者。历史上，有很多名人也患了抑郁症。没有哪种职业、种族、性别或年龄可以对抑郁症免疫。抑郁症在全世界的发病率为10%左右，严重的抑郁症还是引发自杀的第一诱因。

长期忧郁会使人的身心受到损害，使人无法正常地工作、学习和生活。人们都希望自己经常并永久处于欢乐和幸福之中。然而，生活是错综复杂、千变万化的，并且经常发生祸不单行的事。那么，遇到心情不快时，应采取什么对策，避免忧郁呢？

1.增加交际，多参加一些社会活动

抑郁者应该学会脱离单调无味的生活，在两点一线的生活基础上，增加一些生活的乐趣，比如，说参加朋友聚会、出去旅游或者养成每天散步的习惯，在活动中将一天的郁闷排除出去。培养自己多方面的兴趣和爱好，这样不但可以充实自己的精神生活，还能提升自身素质。

2.必要时寻求心理医生的帮忙

如果你觉得内心过于煎熬，那么，你应该说服自己，寻找心理医生来为你解疑答惑。生活中，寻求心理治疗的患者多半有两种情况，一种是自己已经认识到问题的存在，自愿寻求帮助；另外一种是在亲朋的支持下寻求医生的帮助，这对于患者的治疗和恢复有很大益处。朋友们，有问题就要及时解决，这样你才能更早恢复往日的欢乐，走出抑郁情绪的雾霾。

3.多读书，填补精神食粮

书籍的力量无穷大，多读书，读好书，你将受益一生。古人说："至乐莫如读书。"通过读书来获得快乐，这是古今中外很有效的方法。读书是一种特殊的心灵交流，是在跟圣人交谈。只要能够细心品尝，就一定能回味无穷。

4.不自卑，做一个自信满满的人

因为不自信，总觉得一切都没有意思；因为不自信，就常常感觉很自卑；因为不自信就会患得患失，疑神疑鬼，整天烦恼不断。这样下去，怎能不抑郁。我们就要自信点，自信地面对不完美，自信地面对得失，自信地为自己以及自己的情绪负责。

心理悄悄话

大家一定要学会自我调节，懂得安慰自己，即使心情抑郁了，也不必担心，因为抑郁并不等同于精神分裂。你只要告诉自己，我的情绪感冒了，正在发烧，还会打喷嚏，现在很痛苦，但吃点药就会好的。

自卑，会让你的内心越发抑郁

立足人海，自己到底身处何处呢？很多人看到周围人的成就就会黯然失落，朋友经商发财，同学出国深造，亲戚官场得意……而自己一事无成。此时，他们便认定自己碌碌无为，因此自卑油然而生。严重者会转卑为怒，从而出现嫉妒、愤怒和忧郁。无疑，这种人太自卑了。过度自卑会导致抑郁症的产生，抑郁症严重，一个人就会变得萎靡不振，甚至危及自身健康。所以我们应该调控好自己的情绪，不要让自卑毁了自己。

陈虹是一名应届大学毕业生，她其实很有能力，但是她有一个致命的缺陷，那就是容易多想，过于自卑。大学毕业后，陈虹成功应聘到一家金融公司做文案。入职后，陈虹发现这里的员工学历都很高，名牌大学的硕士生、博士生比比皆是，唯独自己是二本大学本科毕业，这让她感到很自卑。上司安排她写一篇文稿时，她会想："上司要求那么高，万一我写的内容不投上司脾气，得不到他的欢喜该怎么办？要是嫌弃我学历低，那怎么办？"

当同事们在聊天时，陈虹又想："我周围的同事都是高才生，他们谈论的话题肯定都比较高深，品位肯定也很高，自己如果说错话或者搭不上话可该怎么办？"就这样，陈虹每天都在压抑中度过，她的心情越来越沉闷，每天在公司里郁郁寡欢、神情恍惚，她没有什么朋友，也很少与人说话，在大家眼里，她完全成为了一个"另类"。两个月后，陈虹觉得自己实在无法胜任这份工作，就向公司递交了辞职报告。

自卑，就是自己轻视自己，看不起自己。自卑心态严重的人，并不一定就是他本人具有某种缺陷或短处，而是不能悦意容纳自己，自惭形秽，常把自己放在一个低人一等，不被自己喜欢，进而论落在别人看不起的位置，并由此陷人不能自拔的境地。

自卑的人，情绪低沉，郁郁寡欢，常因害怕别人看不起自己而不愿与人来往，只想与人疏远，因此缺少朋友，顾影自怜；自卑的人，做事犹豫不决，毫无竞争意识，抓不住各种机会，也享受不到成功的乐趣；自卑的人，常感疲惫，注意力不集中，工作没有效率，缺少生活情趣。不可否认，每个人多多少少都有一些自卑心理，适度的自卑可以起到激励自己不断进步的作用，但是如果过度自卑，就会走向反面。自卑可以吞噬一个人做事的动力和信心，让一个人从抑郁走向颓废，从而离成功越来越远。

自卑是一种可怕的消极情绪。其实，任何人都无须自卑，每个人都有自己的特点，重要的是要认识到自身的长处。但怀有自卑情绪的人，往往遇事总是认为"我不行"，没有开始尝试就给自己判了死刑。如果你不懂得克服自卑，那你就极有可能陷入抑郁的泥沼，迷失人生的方向。

1. 对自己有个深刻的认识

将自己的兴趣、嗜好、能力和特长全部列出来，哪怕是很细微的方面也不要忽略。通过全面、辩证地看待自身情况和外部世界，认识到凡人都不可能十全十美。对自己的失败持客观理智态度，既不自欺欺人，又不看得过于严重，而是以积极的态度应对现实。

2. 对自己好点，学会宽慰自己

不要因为一次失败的记录而懊恼，或把责任一股脑儿揽到自己身上，而是要学会解脱自己、宽慰自己。这样一来，你就不会在自责中丧失自信，而可以冷静地分析失败的原因，把握住今后的机遇。

3.相信自己有着独特的价值

我们要战胜自卑，做良好心态的主人，让自信为我们的生活带来不断的进步，要肯定自己的价值：每个人都是独特的，每个人的存在都是有价值的，"我存在，故我有价值！"自己身上的特点，没有好坏之分，因为每一种性格都有两面性，每一种特质都是你自己独有的。

4.积极向上，在奋进中提升自己

有自卑心理的人大多比较敏感，容易接受外界的消极暗示，从而越发陷入自卑中不能自拔。而如果能正确对待自身缺点，把压力变动力，奋发向上，就会取得一定的成绩，从而增强自信，摆脱自卑。

))) 心理悄悄话

每个人都有自己的优点，有的能看见，有的则看不见，比如你的潜能，在你没有发现它之前，你认为你没有这一潜能，但是一旦你用心去发掘，你就会发现自己也能走出自己的一条路来！多多发掘自己的潜能吧，然后好好去做。

不要猜疑，多在内心撒点阳光

王娟结婚接近两年了，总怀疑丈夫阿铭背着她在外面有事。王娟是名文职人员，工作有规律，按时上下班，但是阿铭在公司里是销售精英，经常有应酬和出差。每当阿铭中午或晚上有应酬或者出差的时候，王娟的这种感觉就特别强烈，心里总想：阿铭一定不是在应酬，他一定是背着我在干什么。阿铭晚上回来晚了，王娟总要问他去干什么了，他回答了，王娟又不信。在阿铭出差的时候，王娟要打好多电话，一来是想他，另外也想问问他究竟在外面干什么，王娟就是想让阿铭无时无刻地告诉她在什么地方、正在干什么，这样王娟的心里才会稍微安定一些。每次看到媒体上有关婚外恋的报道时，王娟总是寝食难安，更加担心，内心可以说苦闷不堪。王娟知道这样不好，对阿铭不好，对自己也不好，可是她就是会不自觉地往这方面想。慢慢地，王娟变得神情恍惚，总是心神不安的，猜疑产生的坏情绪让她越来越压抑，烦闷，她和阿铭之间的关系也越来越微妙，在阿铭眼里，她成了典型的疑神疑鬼的"神经病"。

每个人都有猜疑之心，内心猜疑也是很正常的。可是，万物都讲求一个度，如果超过了这个度，处处敏感多疑，那就会变得神情恍惚，进而形成一种病态心理。过度的猜疑会让人变得焦躁不安，心烦意乱，甚至整天提心吊胆，戒备他人，防范来自外界的侵害，身心都承受着巨大的压力。

张青是一个刚刚毕业不到一年的大学生，有很强的能力，目前在一家不错的知名外企工作。工作中，张青十分注意自己的言谈举止，唯恐稍不留意影响到领导和同事对自己的看法。

有一次，张青成功地完成了一张设计图，高兴之余，情不自禁脱口而出：真是太棒了！邻桌的同事闻声抬头瞄了他一眼，他马上紧张起来，心想：坏了！同事一定觉得我太得意忘形了。

还有一次，听到部门经理在与人谈话时提到"新员工"三个字，并表情严肃，他的心一下缩紧了，一定是说我什么不好的事情，这可怎么办？

猜疑让张青整日惴惴不安，每当见到别人脸色不好或两三个人低声交谈，他就会担心别人是不是在针对自己。结果，过分猜疑让他身心疲惫，感觉周围的环境越来越差，因此总是犯一些低级错误，最终被公司开除了。

猜疑，是人性的弱点之一，是害人害己的祸根。人一旦陷入猜疑的陷阱，必定处处神经过敏，事事捕风捉影，对他人失去信任，对自己也同样心生疑虑。这样不但会损害正常的人际关系，也会影响个人的身心健康。因此，猜疑又被称作"无形杀手"。

爱猜疑的人活得很累、很紧张，内心总是非常纠结。他们不敢解开内心的枷锁，也不想与人说破问题，于是整日郁郁寡欢、消沉颓废。由于生活得太封闭，他们与外界互动非常少，长期下去，就会由怀疑他人转为怀疑自己，变得非常自卑、怯懦、消极。那么，该如何做才能摆脱这种消极情绪，重新做回阳光的自己呢？

1. 开诚布公地与对方谈一谈

世界上不被误会的人是没有的，关键是我们要有消除误会的能力与办法，如果误会得不到尽快的解除，就会发展为猜疑；猜疑不能及时被解除，就可能导致不幸。所以如果可能的话，最好同你"怀疑"的对象开诚布公地谈一谈，以便弄清真相，解除误会。

2. 不断培养自己良好的性格

猜疑者往往是心胸狭窄、过分计较个人得失的人，一般表现为与朋友相处时不坦率，不暴露思想，唯恐真实动机被别人察觉到。故须培养正直、诚实、实事求是的性格，养成根据客观事实来进行推理、判断的思维习惯，克服主观武断地下结论、轻易怀疑别人的习惯。

3. 小心他人的挑拨

猜疑之火往往在"长舌人"的煽动下，才越烧越旺，致使人失去理智、酿成恶剧。因此，当人们听到"长舌人"传播流言时，千万要冷静，谨防受骗上当，必要时还可以当面给予揭露。

心理悄悄话

与人相处时，信任极为关键，它是沟通的桥梁，维系情感的纽带，没有信任，就没有深入的了解和相处。而与此相反，猜疑心理就会在心灵深处滋生，人间的爱与温情也会随之被瓦解，最后受伤的只能是彼此的心灵。

开心一点，摆脱郁闷的枷锁

"最近好累啊，郁闷死了""为什么我就没有他那么好命，生下来就拥有一切，真是郁闷得要死""又被坑了，真是郁闷至极""想买那个包包，可是没钱，真是郁闷"……好像郁闷一直生活在某些人的生命里，不管遇到什么事情，他们张口就是郁闷。朋友们，郁闷是一种消极情绪，如果不及时走出来，你就会变得越发消极、悲观。不管是外界原因还是自身原因，我们都应该懂得控制自己的情绪，让自己多一点欢乐，这样才能让郁闷远离自己，让内心更加轻松。

嫣然是一位刚刚上任不久的职员，由于是新手，对公司的事务还不是很熟悉，再加上她的领导又是一个脾气暴躁的人，所以几乎每天都会被骂。

原因姑且不论，因为实在太多了。仅就程度而言，嫣然实在是难以忍受。她对于上司每天的怒骂感到非常生气。嫣然是家里的宝贝疙瘩，从小乖巧懂事，备受父母疼爱，从小到大从未受过爸妈的责骂，工作前也没有想到会遇到上司的破口大骂。

每回，几乎是每回，当她拿着她的策划书走到领导面前时，都会千篇一律地得到一个回答，那就是："你这也叫策划啊？这是什么烂东西你知道吗？这是你写的啊？写成这样你也好意思给我看啊？你的逻辑思维及表达能力连小学生都比不上！"接着就是令嫣然神经几乎崩溃的斥骂。

慢慢地，嫣然开始失去上班的兴趣了。"我到底有多差啊，让领导如此看不上眼，但是，这样爱骂人的领导做的就对吗？我真的是倒霉透顶了，在这样的人手底下干活。"每当嫣然想到这件事，就会非常生气，经常无法入眠，情绪也越来越差。

后来的某一天，嫣然遇到了大学时代的学长，他现在从事的是新闻记者的工作。嫣然不由自主地倾诉起了自己的苦恼。

听完之后，学长笑了。他说起了自己的经验："其实，这样的事情是很正常的。我记得刚入行的时候，我天天熬夜写稿子，一晚上的忙碌却也总是得不到肯定，第二天上班的时候就被领导撕成碎片，大骂一顿，然后从头再来。现在看看，那些时光，竟然都熬过来了。"然后学长建议嫣然，再碰到这种事情时，就要把领导所做的当作一种教育，当作自己学习的代价。"如果这么想还无法消除你的怨气的话，那么就把它当成你拿到薪水所必须付出的代价好了。"

后来，学长跟嫣然讲了很多职场上的生存技巧，听了这些话后，嫣然内心的郁闷好了很多，对待上班的态度有了一百八十度的转变。当嫣然把工作当成锻炼自己及拿薪水所必需的事情时，心情就变得非常快乐了。而在面对他人的势利时，更要以一笑了之的心态去面对。

郁闷的结果是什么？是好好的一个人没能享受到生命中的快乐也就罢了，还给自己的心灵判了无期徒刑，让它再也无法雀跃。不论有什么兴奋的事，郁闷情绪都会像一瓢冷水当头淋下，让好不容易提起的热情再次降温，生活重新回复到郁闷、郁闷、郁闷……

郁闷是一种慢性毒药，如果你一直坚守在郁闷的角落里不肯走出，那你的苦恼就会越来越多，你的精神也会越发萎靡，你看待一切都会毫无兴趣。所以，我们要努力驱走郁闷的阴云，让自己快乐地生活。

1. 看点儿搞笑的电影或娱乐节目

郁闷的时候，看电视或其他媒介时，要主动避免看那些悲剧以及所有可能让你更郁闷悲伤的东西。建议多看喜剧，让自己乐个够，感受更多的快乐和希望。当自己沉浸在喜剧中时，内心的憋屈和烦闷就会慢慢转移，当重新再想这件事时，自己的消沉也会减少很多。

2. 关注自身情绪，积极寻求帮助

了解自己的精神状态，学会关注自己、保护自己。判断自己心理的健康状况有一个常用标准，即情绪是否稳定而愉快，一旦觉得自己有一段时间情绪很不稳定，则应考虑求助于心理咨询机构。

3. 做做运动，唱唱歌

你可以在生气和郁闷的时候拼命跑步，使劲儿打球，或者打沙袋；你也可以听听让人愉快的音乐，音乐会把你带入另一个时空，然后，你会发现让你不快的事情可能已经没有那么严重了，因为人的坏情绪经常是由于一时钻牛角尖所导致的，在你进行其他活动的时候，坏情绪也已经随之被带走了。

心理悄悄话

想要洗涤心灵，想要发泄全身的压抑，那就去旅游吧。回到自然的怀抱，呼吸一下新鲜的空气，在山顶上大喊几声，将生活中的不快和委屈统统吼出去；还可以叫几个朋友一起做做运动，流流汗，适量的体育运动之后，人会觉得精力充沛，精神也为之一振。

记住，所有的不幸都只是暂时的

爱迪生在美国新泽西州的一家工厂里面有一个实验室，里面有价值200万美元的设备和大部分研究成果。1914年12月的一个晚上，工厂突然失火了，爱迪生的实验室被烧得干干净净。

第二天，爱迪生来到现场，这位大发明家看到他的实验室化为灰烬之后，难免一阵心痛，毕竟这是他大半辈子的心血。在场的每个人都用温暖的语言安慰着他，劝他不要难过。

爱迪生挥了挥手，向大家表示感谢。然后轻轻地对大家说："大家放心好了，我不会就此陷入绝望之中的！其实灾难也有它的好处，没错，这场大火的确把我的成果给烧光了，不过同时它也把我的错误烧光了。现在我要重新开始！"

面对不幸与挫折，如果爱迪生轻易被打倒，那大家就看不到后来的无数项发明，发明家的威名也就无法响彻全球了。人的一生并不能一帆风顺，想要有所成就，你就得积极面对风雨，阳光地走下去。一切的不幸只是暂时的，一时的落魄并不能为整个人生涂满灰暗的色彩。在无情的暴风雨中，海燕展翅高歌，激昂地唱响于天地之间，它并不是为暴风雨而歌，而是为雨后的风和日丽呼喊。

幸福或不幸全是我们的心灵感受，在我们的人生拐弯处，等待我们的无论是幸福还是不幸，我们都应该用一种明智而坦荡的态度从容面对。

蔡雨有一次和一个客户在谈项目时，双方非常投机，对方突然决定立刻签订合同。可当时再通知日方主管已经来不及了，于是，蔡雨出面与对方签订了合同。

其实细算起来，那应该算是一笔大单。但后来公司却以她擅自越权为由，向她提出了解约。当时蔡雨无法理解为什么自己为企业带来了这么多的效益却仍得不到信任。

后来，蔡雨从侧面了解道：由于她的能力很强，她在公司内部的对手向日方管理打小报告，说她与客户私下有金钱交易。而这次她与客户签订合同，让本来疑心就重的日方经理下决心"炒"掉她。

对这个决定，蔡雨非常气愤。但冷静下来后，她认为自己在这样的领导手下和企业环境中工作，对自己未来的发展会非常不利，这次的离职其实也是自己重新发展的一个大好契机。只是如果是以自己被"炒"为结局，实在不甘。于是蔡雨找到公司，要求由自己提出辞职。

之后不久，蔡雨就经过努力找到了一份更好的工作。

有些人在遭遇不幸后，一些不良的想法便产生了：这不是我能做到的！我再努力也于事无补！一旦这些想法成了你的信条，那么外在的行为和效果便会真如所愿。再遇到挫折，心情便会被乌云笼罩着，难以再有继续前进的力量，甚至终其一生，都可能"暗淡无光"。

人生路漫漫，什么事情都有可能会遇到，其间那些困境就容易对人造成一种身处逆境的消极心理，以使自身产生沉重的思想负担和精神压力。其实，当不幸降临或境遇不佳的时候，不妨做个达观者。

1. 做一个心境坦然的人

坦然蕴涵是坚实的、无可比拟的力量，是一种对生活巨大的热忱和信心，是一种高格调的真诚与豁达，是一种直面人生的勇气与宽心的智慧。境由心生，境随心转，我们内心的思想可以改变外在的容貌，同样也可以改变周遭的环境。

2. 敢于承担，不逃避责任

事情的发生都是有一定的原因的。很多时候，我们无法也无暇追究原因，唯有面对它、改善它，才是最要紧的。也就是说，当遇到任何困难、艰辛、不平时，都不要逃避，因为逃避不能解决问题，只有用我们的智慧和勇气把责任担负起来，才能从困扰中真正获得解脱。

3. 千万不要失去信心和勇气。

不幸并不会致命，致命的是失去信心和勇气。在不幸中，唯有坚强可以挽救自己的生命。我们不要没有输给命运，反而输给了自己。生命是脆弱的，即使它侥幸躲过了不幸的伤害，也一定躲不过从内部展开的自我放弃的伤害。

4. 要坚守住对明天的美好期望

不幸中经历过的危险与苦难中品尝过的幸福，两者都是无法伪装的。在直面不幸时，让自己坚守对明天的期望，绝非廉价、自欺欺人的乐观主义，而是一种积极的人生态度。当我们可以正视不幸、明白不幸的真实含义时，我们才有机会从不幸中学习到更多，并逐渐成长。

心理悄悄话

有的人之所以过得幸福，是因为他们会善待自己。人生总会经历很多失败、挫折、痛苦和折磨。这个时候不要把心灵封闭起来，也不要让它布满阴云，要珍惜生活中一切美好的东西，并且要懂得享受这些美好，让自己的心灵得以净化。

不多想，走出患得患失的阴影

曾有人说："如果你不懂得悲伤，你就不曾真正懂得快乐。"的确如此，只有经历了痛，才能真正明白快乐的内涵。得与失也是这个道理。人在生命旅途中总会面对种种得失，鱼和熊掌不可兼得时就要权衡轻重，得其所重，失其所轻，只有认清了这一点，才不至于因为失去而后悔，才能生活得更快乐。

夏朝时期的后羿是当时一个诸侯国的国君，也是天下闻名的神箭手。据说，他箭无虚发，每矢俱中，有着百步穿杨的本领，无论是立射、跪射还是骑射，都百发百中，从来没有失过手。他的名声很大，后人津津乐道的《后羿射日》的神话故事就是以他为原型的。

夏王听说他的事迹后，想看一下他的箭术，于是在后羿朝见的时候把他带到了御花园里。御花园里有一个木制的箭靶，靶心大约有一寸见方。夏王让后羿看了一下箭靶，就说："寡人早就听别人说爱卿的射箭技术天下第一，只是无缘亲见，今日不知爱卿能否在寡人的面前展示一下你的本领啊？"

夏王说话虽然比较客气，但却是在命令，于是后羿就答应了。正当他准备好射箭的时候，夏王又对他说："人们常说'君使臣以礼'，寡人就应该对你以礼相待。这样吧，只要你能够射中箭靶，我就赏给你一万两黄金；如果射不中的话，就削减你一千户封地如何？"

后羿答应了。他从箭囊里取出一支箭，搭上弓弦之后，就开始瞄准靶心。不过，他在准备射箭的时候心里突然有了害怕的情绪：这一箭关系重大，如果射不中的话，非但赢不了一万两黄金，还要被削减一千户封地，更重要的是，失败之后，事情如果传了出去，他就会在各诸侯面前抬不起头来。后羿越想越害怕，越害怕心里就越紧张，越紧张他的手就越发抖。他瞄了很久之后，还是怀疑自己是否瞄准了靶心，于是就反反复复地进行撤弦搭弦，如此几次之后，他才勉强将箭射出。结果，箭射出之后，却落在了离靶心足有几尺远的地方。后羿很狼狈，只好重新取箭，再次射击，但是此刻他又急又怕，额头上渗满了汗水，射出的箭离靶心就更远了……

后羿只好满面羞愧地收起弓箭，哭丧着脸向夏王告辞，随后逃也似的离开了王宫。看着他远去的身影，夏王疑惑地问身边人："你们不都说他是一个百发百中的神箭手吗？怎么一次也没有射中啊？难道他只是个浪得虚名的家伙？"

现实生活中，在做某件事情前，人们如果太过在意事情的结果和周围人的言谈，就会疏忽事情的本身。人们越是不停地告诉自己一定要成就某件事情，越是容易南辕北辙，偏离预定轨道。人们总有患得患失的心态，而正是这种心态使人们走向失误与失败。

患得患失的人通常是这样的：他们每天能想到的就是一些鸡毛蒜皮的琐事，并为此烦恼不安。他们整个人神经兮兮的，心中永远充满着疑虑："我到底该怎么办？"哪怕只是跟某一位同事擦肩而过，微笑的尺度把握得不够好，都足以让他惴惴不安。

患得患失的人总会活得非常犹豫、迷茫、疲惫，因为他们的心都是凌乱的，他们的情绪都是压抑着的，他们总是在徘徊中变得神情恍惚。相反，那些不计较得失的人，总是每天活得很洒脱，因为他们能拿得起放得下，他们的生活很简单，他们不想过得如此沉重，所以他们更快乐。相比之下，我们不难得知后者的人生智慧。

做一个不患得患失的人，你需要牢记以下几点：

1. 做事不要优柔寡断

优柔寡断的人总是徘徊在取舍之间，无法定夺。这样就会使得本该得到的东西，轻而易举地就失去了；本该舍去的东西，却又耗费了自己许多的精力。而时机是不等人的，其实人生在很多时候，只有及时抓住机遇，竭尽所能地去努力，才能取得成功。

2. 有一颗知足的心

每一个人都要学会比较，通过比较得到良好的心境。正确的乐观的比较应该是自己和自己比，把自己的今天和自己的过去比。只要努力过，且通过努力进步了，收获了，即使比不过他人，也不要过度自卑、难过，因为每个人的基础不一样，条件不一样，经历也不一样。

3. 看人看事，懂得认识根本

不应该为表面的得到而沾沾自喜，认识人，认识事物，都应该是认识根本：得也应得到真的东西，不要为虚假的东西所迷惑；失去固然可惜，但也要看失去的是什么，如果是自身的缺点、问题，那么这样的失又有什么值得惋惜的呢？

🔊))) 心理悄悄话

　　遗憾并不是绝对地一无是处，它也有属于自己的遗憾美，就像残月，就像断臂的维纳斯，仿佛正因为遗憾，它们才变得更生动、迷人。但总有人想不开，他们怨叹那些失去，更加渴望那些得不到的，因此生活中充满了缺憾，也充满了痛苦。

第 10 章
远离不满情绪：接受现实更易获得快乐

　　总是充满不满情绪的人经常有以下表现：对于现实，他无法接受，总是一味抱怨；拥有很多美好，但不知足，总觉得缺失很多；面对达不到的脱离实际的目标，总是消极奢望，不懂自我安慰……其实，这些不满情绪会把一个人带向更为堕落的地步，因此他们体会不到现实的快乐。不满情绪是消极的，既无助于解决问题，又会对身心健康造成不良影响。因此，每个人都要学会控制不满情绪的产生。调适不满情绪的方法，大家可以从本章寻找。

改变不了环境，那就改变自己

有这样一则寓言故事：

一只猫头鹰在森林里急促而忙碌地飞着，一旁的喜鹊看见了，就好奇地问他："老兄，你究竟在忙什么？"猫头鹰气喘吁吁地回答："我在忙着搬家。"喜鹊非常疑惑地问："这树林不是你的家吗？你干吗还要再搬家呢？"听了喜鹊的追问，猫头鹰叹了口气，说："唉，在这个树林里，我实在无法待下去了，这里的每一个人都讨厌我的叫声。"喜鹊对他的处境也深表同情，就委婉地说："你的歌声实在令人不敢恭维，尤其是在晚上，更是打扰大家，所以大家都讨厌你。其实，只要你把声音改变一下，或者在晚上闭上嘴巴不要唱歌，那么在这林子里，你还是可以继续住下去的。如果你不改变自己的叫声或夜晚唱歌的习惯，即使搬到另外一个地方，那里的人还是照样会讨厌你的。"

这则故事的寓意很简单，相信大家看完后都明白其中的道理。朋友们，不要总是对生活存在那么多的抱怨，多改变自己，少埋怨环境，每当埋怨环境，或者觉得环境对我们不公时，如果再想想自身因素，心态也就平衡了，心里也就舒坦了。自己改变了，该来的一切都会来。改变自己，才能让不满的负面情绪烟消云散。

小雪和老公阿翔刚刚结婚两年多，可是最近闹起了离婚。其实小雪和阿翔之间并没有太深的矛盾，有些事情听起来还让人感觉非常可笑。小雪认为阿翔身上有很多让自己难以忍受的恶习，比如，下班回到家，鞋不是放到鞋架上，而是鞋脱在哪儿就扔在哪儿，包也是往床上随意一扔；每次做饭，总是放盐太多，饭菜不合自己的口味；每次喝完酒，总是澡也不洗、脚也不洗，连衣服都不脱，就一身酒气地横在床上呼呼大睡；从来不知道好好整理自己的东西，把家里搞得一团糟……

每次发生这样的事情，小雪都感觉不堪忍受，让他改掉这些毛病。刚开始时阿翔还不说什么，经常陪个笑脸，但是时间长了，每当小雪数落时，阿翔就开始还击，于是一场家庭大战便不可避免了。慢慢地，阿翔总是很晚才回家，到家后也保持沉默，两人的矛盾逐渐升级，最后发展到闹离婚的地步。

小雪回到娘家向妈妈痛诉阿翔的种种"恶行"，此时妈妈对她说："我和你老爸过了一辈子，我也一直试图改变他，但是到最后我发现，这种想法只能给我们带来更多的争执和烦恼。以后你在婚姻里要学会更多地容忍对方的缺点，婚姻中需要更多的减法而不是加法。你要试着发现阿翔身上的优点，你想想每次只要他在家，他从来不让你下厨，工作也很上进，一心一意对这个家，工资卡也是让你保管，你要学会宽容他。"

一味地改变他人只会让彼此的关系越来越糟糕，每个人都有自己的小缺点，你对别人不满，别人也并不见得对你处处喜欢，所以不要过于苛刻地对待他人，无关原则的小事我们可以忽略。

抱怨环境不好，往往是因为我们适应能力太弱；抱怨天气太恶劣，是因为我们的心情正处于糟糕的时刻；抱怨别人太吝啬，恐怕是我们的心胸不豁达；抱怨别人不关心我们，也许是我们也同样没有在乎别人。因此，在抱怨之前不妨试着先改变自己，也许一切都会大相径庭。

社会上，每个人都在扮演着不同的角色，人与人之间要相互理解与包容，如果想要改变别人，应该首先从自己身上着手，改变别人是一件困难的事，但改变自己就简单得多。我们要更好地发现自我能改变的地方，给自己一次改变的机会，从而影响别人，进而实现愿望。

1. 把自己对外界的要求降低一点

人们对新环境的适应性差，大都与其事先对新环境的期望值过高、不切实际有关，当你按照这个过高的目标来执行而最终落空时，难免会产生失落感，就会感到事事不如意、不顺心，必然影响情绪，与环境格格不入。

2.谦虚一点，严格要求自己

在许多情况下，我们轻易地责备他人，常常是为了表现自己的高明，当然有时也有推卸责任的目的。古人讲"但责己，不责人"，就是要我们谦虚一些，严格要求自己，这样对人对己都有好处。只要你懂得了严格要求自己，你对外界的不满也就会少很多。

3.先冷静下来，想一想

你觉得一件事不能容忍，想要表达不满的时候，请先闭上眼睛深呼吸30秒，之后再想想自己抱怨完了事情会不会改变，这样久而久之，在你遇到事情时就不会马上发表不满情绪，而是积极寻找解决的方法了。

心理悄悄话

其实，每个人都蕴含着无限的能量，只是大部分人没有发挥出来而已。你不逼自己一把，真的不知道自己到底有多优秀，所以我们应该懂得挑战自己的极限，不断改变自己、超越自己，让自己迸发出惊人的力量，这样你才能看到一个全新的自己。

别让抱怨情绪毁了本该的美好

有些人非常喜欢抱怨，他们抱怨社会不公，抱怨家庭不和，抱怨工作不顺，抱怨遇人不淑……他们的抱怨真的是好多好多，感觉只要进入他们生活的人或事都不能如他们的意愿。其实这些抱怨不仅伤了他们自身，还会伤害他人。所以，我们要抛开抱怨，化解不满。这样，我们才会明白，原来生活是这样美好。

李刚在一家汽修厂工作，担任的是一名修理工，刚来这家工厂的时候，他们兄弟几个人一起，一开始都还打算着能够好好积累一些经验，学好本事后自己干。可是在上班工作的第一天，李刚就受不了了，一直在抱怨，"这工作太难受了，脏兮兮的，这一会儿下来，我浑身脏得没法看了"，"可把我累死了，这种工作简直是烦死人，整天做这些有什么意思"……每天，李刚都是在抱怨和不满的情绪中度过的，他认为自己在受煎熬，在像奴隶一样卖苦力。因此，李刚每时每刻都窥视着师傅的眼神与行动，稍有空隙，他便偷懒耍滑，应付手中的工作。

就这样，时间在抱怨中一天天地过去，李刚在这里混日子已经混了两年了。当时与李刚一同进厂的三位朋友，各自凭着精湛的手艺，或另谋高就，或被公司送进大学进修，独有李刚，仍旧在抱怨中做他讨厌的修理工。

面对已经存在的问题，如果你无法抑制住内心的抱怨与悔恨，那么请你问问自己：此时我能怎么办呢？当你发现自己绝对没能力改变时，你自然会安心地接受它。当我们接受了眼前的事实时，我们就自然不会再去抱怨了。

由于经济危机，公司要裁员，张扬和郑凯都被列入了被解雇的名单。按照公司的规定，被解雇的人员第二个月必须离开公司。张扬回家之后，发泄了一通，第二天到了公司，他逢人就抱怨："我平时在公司这么卖力地工作，这下可好了，最能干的却要被辞掉，这算什么世道啊？"他的抱怨声越来越大，说的话越来越过分，甚至有些话的言外之意是，他之所以被裁员，是有人在背后打他的小报告，而且他还把宣泄不完的愤怒都发泄在工作上，该他负责的工作他故意拖延，甚至有很重要的文件他也不认真处理。郑凯和张扬的遭遇是相同的，但是两个人的态度却截然不同，郑凯虽然心情也很沉重，毕竟这是自己工作了多年的公司，都有感情了，而且公司给他的待遇也不错，但是他没有向任何人抱怨，他就想自己离开之前能为公司多做点儿什么，于是他暗下决心，先做好手头的工作，再去寻找更好的发展机会。在公司里，他在工作之余也会和同事们表示一些大家以后不能再在一起工作之类的遗憾，并且他还主动搞好交接工作，以免自己走后给他们带来工作上的不便。一个月过去了，公司却只通知张扬一个人离开公司，人事主管的解释是："公司准备多留一个人，郑凯在要被解雇的情况下仍然能够坚守自己的岗位，能尽职尽责地完成自己的本职工作，公司需要的就是这样的员工。"

看到的是快乐，生活中便充满快乐；看到的只有不幸，生活就会变得不幸，一直着眼于自己的不幸，那么生活自然难以顺利继续。抱怨是一种习惯，习惯于抱怨就只能将自己束缚在不幸当中。多注意生活当中的美好，自然就能挣脱抱怨的枷锁，过得轻松自在一些。

在我们追求幸福的道路上，总是会出现这样那样的挫折和挑战，让我们感到不如意。在面对这些事情的时候，抱怨是没有任何积极意义的，它不但解决不了任何问题，而且还会带来一连串的负面影响。甚至到最后，经常抱怨的人就成了抱怨的受害者。那么，怎样才能摆脱自己的抱怨情绪，做一个积极向上的人呢？

1. 用感恩的心看待生活

人生在世，总要经受很多折磨，承受各种苦难。其实换一种眼光看世界，这些折磨对人生并不是消极的，反而是一种促进人成长的积极因素。用感恩的心面对所遭遇的一切，反而最后成就了自己。大家也要培养自己博大的胸怀和仁爱的精神，感谢折磨你的人和事。

2. 宽容是一种人生境界

心理学认为，一个能有效阻止抱怨发生的办法，那就是要有宽容之心。宽容是一种无私的行为，宽容也是一种高境界。宽容是一种给予，如果在生活上工作中能对自己的家人、朋友、同事和上司给予更多的理解和宽容，那必然也会得到其他人的帮助。

3. 多反省一下自己

一点儿小事就抱怨，难道真的全部都是外界对不起你吗？你是否哪里做得不够好，哪里需要提高呢？这些问题，你是否注意过？所以说，没事的时候或者是晚上休息的时候，多想想，自己哪里需要改进，自己有什么地方做得有失妥当，与其抱怨他人，不如提升自己。

))) 心理悄悄话

其实，那些爱抱怨的人并不是不优秀，也并不是能力过低，只是他们的情绪比较消极而已，但是这样的人却是令人非常反感的。因为，抱怨不仅对自身身心有害，还会影响到他人，以致影响周围的气氛。抱怨就像用烟头烫破一个气球一样，让别人和自己泄气。谁都不愿靠近牢骚满腹的人，怕自己也受到传染。

学学阿 Q，安慰自己的小情绪

从前有一只狐狸，它走了很远的路，已经非常饥饿了，于是它到处寻找可以吃的东西。终于，在经过寻觅之后，它看见了一片果林，果林里种满了晶莹剔透的葡萄。这些葡萄是那么娇艳可爱，看得狐狸垂涎欲滴。狐狸心想："这次终于可以饱餐一顿了！"

可是显然，狐狸高兴得太早了，因为葡萄的架子实在是太高了，它跳来跳去好多次，却连个葡萄叶都没有够到。这让狐狸非常懊恼，因为它已经筋疲力尽了，眼看到嘴的葡萄却只能放弃，这任谁都会心有不甘的。然而，这只狐狸却非常会安慰自己，它一边悻悻地离开果林一边在嘴里嘟囔着："那些葡萄酸死了，还是不吃为妙！"

上面这则寓言，相信大多数人都曾听过或者学过，其实，在日常生活中，我们不妨学习一下狐狸的这种"自我安慰"的心理技巧。很多时候，我们会遇到一些麻烦，或者是对于某件事无法达成的失落，又或者是遇到困难时的垂头丧气，这些都会让我们的情绪糟糕到透，如果我们能巧妙地运用一些补偿心理让自己的心理处于平衡状态，相信我们的心情就会好转许多。

晶晶的妈妈从小就教育她不要与人攀比，但是家里条件差，晶晶只要与人接触，总会发现自己不如别人的地方，进行对比是自然而然的事情，小小的孩子不攀比是不可能的。

有一次，晶晶跟着妈妈逛超市，超市在地下，地上是大型的商场，一进门，晶晶就看到一个跟自己同龄的小女孩抱着一大盒芭比娃娃走了出来。晶晶很羡慕，虽然妈妈平日里总教育自己说，家里条件一般，不能跟别人攀比，但是晶晶毕竟处于读童话故事的年龄，每天晚上都梦见自己变成了白雪公主或者芭比娃娃，忍不住还是摇摇妈妈的手，眼巴巴地盯着柜台。妈妈实在没办法，但是一套芭比娃娃就好几百，够一家人一个礼拜的生活费了，晶晶年纪小，不懂事，但她却不能因为心疼女儿而冲动，于是妈妈灵机一动，俯下身子对晶晶说："宝贝，我们把芭比娃娃买走以后，王子就找不到她了。你更希望芭比娃娃陪着你还是陪着王子呢？"晶晶低头想了想，说："那还是让芭比娃娃陪着王子吧！"她回头看了看抱着芭比走的小女孩，又补充道："我才不买芭比呢，买芭比的孩子不是好孩子，她拆散了芭比和王子！"

妈妈舒了一口气，虽然这样对女儿来说不太公平，但是如果真能让孩子不再对别人拥有而自己买不起的东西眼红，也许反而是一种巧妙的办法。

很多事情，结果已经不能改变，而可以改变的是人的心情与态度。比如，打碎了精美的花瓶，你不妨说"碎碎平安"；家中被贼偷了，你不妨说"财去人安""破财消灾"。这样的自我安慰，不是比气得吐血、气得血压升高要好得多吗？

心理学家指出，烦恼是消极情绪的表现，也是阻碍我们前进的绊脚石，更是影响我们身心健康的一种"新型病菌"。只有减轻烦恼，我们才有可能排解消极情绪，告别坏情绪。才有可能战胜"病菌"，获得肌体健康和心理健康。如果你懂得在烦恼的时候安慰自己的内心，那你的心情将会很快得到调整。

1. 适当学习一下阿Q

有人说，阿Q精神是一种麻醉剂，它能够让原本上进的人甘愿碌碌无为。但是任何物都有光明的一面，只要合理应用，就能让人受益。例如，爱情不顺时，可以回忆一下昔日恋爱的甜蜜，并找出自己身上的所有优点，避免自己陷入自卑当中，伤心难过自然就会减淡几分。

2. 吃不着葡萄说葡萄酸

当我们竭尽全力追求一些东西却仍然没有得到时，我们不妨故意说它不好，这种看似消极的做法，却对调节情绪、平衡心态有着积极的意义。比如，当我们特别喜欢一件东西时，我们即便是尽全力也无法得到，这时候，我们不妨自我安慰一下，想想这件东西的缺点，或者对自己来说意义并不大，这样就能消除内心的难过与烦闷。

3. 告诉自己"最坏也就如此了"

当你出现了害怕或紧张的情绪时，可以长呼一口气，告诉自己说："最坏莫过于此。"这句话会帮助你看透输赢。既然已经想到了最坏的结果，那么其他的结果就都是好结果。当所有都变得无所谓时，心里的紧张就会渐渐地放松，你才能够做到轻装上阵。

心理悄悄话

一个人的快乐并不是天生就有的，而是需要自己去营造。快乐地生活也是有一定的方法的，就看你是否愿意为了获得快乐而想方设法。可能你改变不了眼前的这个世界，但你应该有办法去改变自己的心情。

你所拥有的，就是让你幸福的

名利和财物，并不是越多越好，如果你在追求这些的时候迷失了自己，永不知足，过度痴迷，那你也不会真正收获快乐，所谓知足常乐，就是这个道理。此时，你看不到你拥有的那些美好的现在，你就会变得越来越暴躁、苦恼。许多时候，我们之所以感觉不幸福、不快乐，多半是由于我们的不知足所导致的。

小悦在某家公司做行政工作，收入一般，但非常喜欢时尚的衣服，而且热衷于名牌。刚去公司那会儿，她才23岁，公司里的一个同事小王爱上了她，并向她求婚。小悦本不喜欢小王，但考虑到收入可以翻一番，同时小王听自己指挥，也就答应了。

婚后的生活虽然不富足，但也衣食无忧，而且两个人都在同一家公司，出双入对也非常惬意。但是，小悦渐渐开始厌倦婚后的生活，而且开始抱怨挣得太少，甚至以小王没有本事为理由羞辱他，并扬言这样的生活缺少情趣，要离婚，等等。小悦希望得到名牌的衣服，出入名流会馆，和上层贵族一起谈论时事……

就在那个时候，一个比较风流的花花公子阿豪走入了小悦的生活，阿豪垂涎于小悦的美貌，并且了解到小悦的家境，感觉有机可乘。而小悦也正在为小王的"无能"发愁，两人一拍即合，各取所需。

没有不透风的墙。小悦的老公小王得知了此事，愤怒地责骂她，并最终离婚。

小悦更加无所顾忌，而且对于阿豪的要求也越来越高。小悦不满足于已有的生活，她要求更高更具品质的生活，希望像公主一般出入社会最高层次的舞会，然后和富太太们一起品尝咖啡。而阿豪本来也只是爱慕她的美貌，看到她要求如此高，不免有些后悔。最后，阿豪开始躲着小悦，然后在小悦的世界里消失了。

小悦的生活又重新回归了正常，而此刻，她连自己的家都丢了。

拥有既是财富，更是幸福，可生活中却偏偏有些人，对拥有的不知道珍惜，对没有的总在渴盼，而得不到却又心生抱怨，像这种人是无法真正地享受生活的。所以，从现在开始，盘点你拥有的东西，并珍惜所有。

人之所以痛苦，就是因为你追求错误的或者对你而言不重要的东西。如果我们只是忙忙碌碌地追求而无视身边的美好，那么幸福也会远离我们。所以有时间静下来的话，不妨想想，什么才是你人生中真正需要的东西。只要我们珍惜拥有的，那么我们就是富有的、快乐的。

朋友们，过去的已经过去，现在的一切也终将成为过去，我们所能做的，只有珍惜现在的拥有，而不是沉湎于失去中。"塞翁失马，焉知非福"，也许我们正在失去的是现在短暂的欢乐，也正是未来长久的痛苦。习惯失去，珍惜拥有，不论是曾经、现在，还是未来。

人生没有彩排，每天都是现场直播。假如你经历过病痛的折磨，你就会认识到你往日拥有健康时是多么地幸运与快乐，你就不再抱怨你缺失了什么。朋友，未来不可知，你唯一能做的就是珍惜此刻生命中所拥有的一切，此时生命的意义会让你知道：请珍惜现在拥有的一切！

1. 不要过度地索求一些东西

我们总会索要很多的东西，无论是精神上的还是物质上的，有些东西要拿得起，放得下，有些东西得不到也不要强求，自己要懂得生活，才会觉得生活得很幸福。当你幸福时，不要埋怨生活，不要抱怨生活。只要没有太多的奢求，平淡的生活就是一种难得的幸福。

2. 停止你对现实的抱怨

抱怨失去的不仅是勇气，还有朋友。谁都不喜欢牢骚满腹的人，因为怕自己受到传染。失去了勇气和朋友，人生将变得很难，所以抱怨的人继续抱怨。他们不知道，许多简单的方法就可以让他们快乐地生活，停止抱怨便是其中的真谛之一。

3. 羡慕他人，讲求"度"

不要羡慕别人，别人的幸福是别人的事，跟自己一点儿关系也没有，羡慕别人只会让自己越来越忧愁，越来越烦恼，越来越痛苦，然后开始自怨自艾，怨天尤人，逐渐磨蚀自己的优点，滋生嫉妒的情绪，衍生见不得别人好的心态，最后就会变成自己最讨厌的那种人。

🔊 心理悄悄话

"曾经有一段真挚的爱情放在我的面前，我却没有珍惜。直到失去之后，我才追悔莫及。如果上天再给我一次机会，我一定会对那个女孩说三个字'我爱你'。如果一定要给这个承诺加上一个期限的话，我希望是'一万年'。"当看到这段话时，你是否想到你此刻的所有，是否觉得拥有当下，其实就是一种幸福。

接受现实，走出失败的旋涡

失败无处不在，就像是我们生活中的一部分，所以我们无需过多介意。其实，古往今来，那些有所成就的人都经历过大的失败，他们之所以成功就是因为他们不怕失败，坦然面对失败。面对人生的许多挑战，许多坎坷和陷阱，有谁能保证永远不输？跌倒了输了都不可怕，可怕的是没有站起来的勇气。能够真正成为卓越领导的人总是那些能够正视失败、超越自我的人。

邢亮刚进入销售行业时，由于缺乏经验，所以表现得很差。当公司将一个新客户交给他，让他去拜访时，他几乎不敢与客户对视，对客户提出的问题也回答得结结巴巴，并会紧张得连衬衫都被汗水浸湿，手掌心也全是汗。可以想象，这样的拜访有多么失败。随后的一段时间，邢亮虽然对业务熟悉了，但是仍旧没有什么成就。

一次次失败让邢亮对自己以及对这份职业产生了质疑，他感到非常气馁，不知道怎么面对以后的工作，那段时间，他似乎有种破罐子破摔的状态。当时，有位非常有经验的老领导找邢亮谈了谈，告诉他做人做事要懂得接受失败，接受现实，不要因一时失败就心烦意乱，找不到方向。要懂得战胜自己，战胜现实，不要把失败看得太重，也不要让自己的情绪过于敏感……

从那之后，邢亮对自己进行了一番新的调整，他从老领导那里听到了很多宝贵的经验，也进行了一番深刻的反思，他明白了自己的使命。

在随后的销售工作中，邢亮总是不停地对自己说："假如这次失败了，也没有什么大不了的，总有一天我会成功。"同时，邢亮还认真制订了销售计划，思考要实现这些计划所应掌握的知识，然后利用业余时间尽力去补充这些方面的知识。

为了成为一名优秀的销售员，邢亮兢兢业业地工作，不断进行自我补充和自我完善，深入了解公司相关产品的长处和短处。渐渐地，他能够从容自若地面对客户了，并能够与客户进行比较深入地沟通了。

有一次，公司遇到了一个大客户，其他同事因害怕失败丢了面子而没有接这单生意。邢亮自告奋勇去完成这一任务。在与客户沟通的过程中，邢亮完全放下心理上的包袱，全身心地投入进去。功夫不负有心人，邢亮的努力最终换来了胜利，签约成功了，这使他信心百倍。

此后，邢亮的业务能力飞速提高，为公司赢得了越来越多的客户，成为了一名优秀的销售员。

每个人都希望成功，但是在追求梦想的过程中，我们总会遭遇挫折和失败，甚至可能变得一无所有。失败是常事，重要的是如何看待和应对失败。勇敢的人能接受失败，把失败当作成功的阶梯，而有些人则被眼前的失败压垮，在失意中消沉，最终一蹶不振，一事无成。

不要对失败有偏见，它也有好的一面，它能带给你经验教训，给你一定的警醒；它也能打压你的自满，让你更为谦虚，用心争取更大的追求；它还能给你一定的磨炼，让你意志更为强大。所以，当我们遭遇失败时，不要逃避，也不要自暴自弃，而应该勇敢地正视它，并吸取教训，努力规正自己的言行。

1. 懂得倾诉心中的不满

将你的痛苦向你认为值得的对象倾诉。适度倾诉，可以将内心的痛楚转化出去。如果倾诉对象具有较高的学识、修养和实践经验，将会给以适当抚慰，鼓起你奋进的勇气，并引导你朝正确的方向前进。

2. 要有走出失败的信念

信念，是我们冲锋的战旗，是我们斩断荆棘的利剑，更是我们力量的源泉！不论在哪里蒙受失败，我们都要带着从容的态度，迈着坚实的步伐，去履行自己的人生誓言，去实现自身的价值。把失败写在背面，相信自己一定能成功！

3. 调整心态，自我鼓励

失败不是结果，只是一种暂时的局面。当事情被"搞砸"的时候，不要立刻为自己贴上"失败者"的标签。你越想象自己糟糕，你就越可能会变成糟糕的样子。如果失败了，不妨对自己说："没有什么了不起"，这只是拦路石，找准"翻盘"的点，也许就走出困境了。

心理悄悄话

面对现实，不是让你束手就擒，只要有机会，我们依旧需要努力！但是，如果局势已定，你也无需耗费精力，沉溺其中，不敢面对，因为这是懦

夫的表现。敢于接受不可避免的事实，唯有如此，才能在人生的道路上掌握好平衡。

心向阳光，品味平淡中的快乐

也许很多人觉得，生活就必须要热烈而奔放，要每天活得充满激情，五彩缤纷，要时刻迸发力量。但是，现实生活中并非人人都如此奔放，不同的际遇造就了不同的人生。而那些平淡生活所组成的画面，才是人生中最绚丽的色彩。

张友下班后约老同学李晨一起出去喝酒，结果李晨却说，不想去，没心情。张友见他满脸的不愉快，就问："咋的了，兄弟，老天没有下雨啊，你怎么阴沉着脸，一副不高兴的样子？"

李晨闷闷不乐地说："怎么可能高兴地起来呢，原本是我的位子，现在坐上别人了！"

原来李晨在他们公司竞争一个经理的位置，他花了很多心思，各项业绩也很好，但还是未能竞争上。

张友笑着说："哎呀，就这点事啊，没什么大不了的，你还年轻着呢，以后继续努力。淡然一点，想开些就好了。走吧，一起喝酒去。"于是张友拉着李晨去了酒吧。张友说了很多安慰的话，李晨才算好了一点。

大概一个月之后，张友在回家的路上又偶然碰见了李晨，但是却发现李晨比以前瘦了很多，而且脸色蜡黄，像是生过一场大病似的。张友关切地询问："哥们，你这是怎么了，怎么几天没见你变化这么大，是哪里不舒服吗？"

李晨说："你说我多亏呀，我费了那么大的工夫，勤奋、努力、不休息，什么事都抢着干，可是这回连部门经理我都没选拔上。你说我在这公司里还有个什么奔头啊！"

张友安慰他说："别多想，稍微看淡一点儿吧，再说，你现在也不错，

当着主任，薪酬也很高，在公司也是重量级人物，别人比你资历老，上了也是应该的。"

谁知道李晨竟然向他大声吼道："你知道什么啊，我付出这么多我容易吗？凭什么资历老就应该把我踩到后面啊？我可不想甘心平平淡淡，我要活得精彩，活得壮观！我要往上升，往上升！你知道我的内心吗？"

李晨气愤愤地走了，弄得张友怔怔的。从此以后，张友很少再见到李晨，后来居然听说他已经精神失常，被家人送进了精神病医院。

生活，并不是只有功和利，尽管我们必须去奔波赚钱才可以生存，尽管生活中有许多无奈和烦恼，然而，只要我们拥有一份淡泊之心，量力而行，坦然自若地去追求属于自己的真实，就能做到宠亦泰然、辱亦淡然、有也自然、无也自在，如淡月清风一样来去不觉。其实，仔细想一下，这样的生活其实也是非常快乐的、阳光的，也会带动你变得更为积极。

朋友们，宁静淡泊的心态会让你越发充满修养，它能让你在物欲横流的社会中保持自我，保持本真，保持宁静。有一颗平淡如水的心，你就不会轻易被琐事烦忧，你就会活得更淡然、洒脱、自信，从而获得心灵的充实、丰富、自由、纯净。

1. 不要一味地进行攀比

在生活之中，人比人气死人，好还有更好，精彩还有更精彩，总有人能把你比下去，也许你的平淡正是别人眼中无法得到的精彩。我们要学会用一个平平淡淡的心去看这个世界，然后你就会发现幸福无处不在，看似平淡的生活其实是一种宁静、淡泊、从容和美好。

2. 懂得享受生活的惬意和温暖

你可以在工作的同时抽出一定的时间，去陪陪家人，去逛逛超市，去书店转转，去大自然中走走，给朋友打个电话，叙叙友情，要么泡一杯香茗，一边慢饮一边欣赏优美的乐曲、火爆的电视剧、皎洁的月光……那该是怎样惬意啊！

3. 善于从生活中发现幸福

生活中有很多的无奈和艰难，我们要善于从生活中发现幸福，在幸福中寻求感动，这样就能保持一份内心的平淡。平淡的生活看似无聊乏味，其实不然，只要你细细品味，就会发现，平淡的生活可以让人减少烦恼和焦虑，是人生的一种享受。

心理悄悄话

　　幸福与身外之物并无绝对关联，幸福在于你的心态。一个人即便腰缠万贯，但是他不懂满足，总是烦忧自己没有的，那他也不会幸福。朋友们，不管你在什么处境下，只要端正自己的心态，学会把握、学会满足、学会感恩，生活就会幸福。

第 11 章
战胜自卑情绪——敢于接受自己的缺憾

你要想过得幸福，就得让自己远离自卑，变得自信。只要有了自信就能很好地把握自己的情绪。如果你天天沉浸在自卑中，那你就无法看到生活的希望，无法获取更多的美好。生活中，我们要树立坚定的目标，有目标才会产生内心的积极信念，才会鼓舞自己去开拓，去实现。我们要把不可能变成可能，相信自己会做得更好，最后才能得到自己最想要的答案。

看到自己的优点，懂得自我欣赏

你在羡慕别人时，是否赏识过自己？你在欣赏别人时，是否接受过自己？你在喜欢他人时，是否拥抱过自己？其实，在我们自己身上同样可以找到我们心中偶像的身影！记住，其实我们自己一直很棒。

钟离春是春秋时期一个奇丑无比的女人，史书形容她"凹头深目，长肚大节，昂鼻结喉，肥顶少发"，而且"皮肤烤漆"，令人望而却步。她四十未嫁，居无定所。因生得太丑，又出生在无盐，所以大家就都把她叫做"无盐"，反而忘记了她的本来姓名。

虽然生得丑，但无颜却饱读圣书、胸怀大志，是一个聪明有远见的人。当时执政的齐宣王性格暴烈，耽于享乐，亲小人远贤臣，喜欢被人吹捧，导致政治腐败，全国上下人心惶惶。为了拯救国家，她冒着杀头的危险进谏齐宣王："秦楚环伺齐国，虎视眈眈，而齐国内政不修，忠奸不辨，太子不立，众子不教，齐王你专务嬉戏，声色犬马，这是第一件可忧虑的事情；兴筑渐台，高耸入云，饰以彩缎丝绢，缀以黄金珠王，玩物丧志，利令智昏，这是第二件可忧虑的事情；贤良逃匿山林，谄谀环伺左右，谏者不得通入，谠论难得听闻，这是第三件可忧虑的事情；花天酒地，夜以继日，女乐绯优，充斥宫掖，外不修诸侯之礼，内不秉国家之治，这是第四件可忧虑的事情。危机四伏，已是危险之至！"这四条犹如棒喝，使齐宣王幡然醒悟。他即刻下令拆除渐台，罢去女乐，斥退谄佞，摒弃浮华，然后励精图治，为表励精图治的决心，他立无盐为皇后。在她的辅佐下，齐国国势日盛，一时成为"千乘之国"。

皇帝的妻子大多是美艳绝伦、家世显赫的，而钟离春却是一名丑陋的村姑。她的丑陋"举世无双"，而她的才华胆识也是举世无双。她欣赏自己的优点并努力展示它，终于实现了自己国泰民安的理想。她虽然丑陋，但在历史上，谈论她的人要比谈论她丈夫的人多得多。

懂得欣赏自己的女人不会抱怨红颜易老、青春不再，因为她们懂得时光不会倒流，那何不活在当下，好好享受现在的美好时光呢？她们更懂得用智慧、用庄重、用气质把自己武装起来，因为真正美丽的女人是外在美与内在美的一种结合，是从内到外自然散发出来的。

朋友们，只有学会自我欣赏，认定自己是最美的天使，我们才能懂得满足。任何一个人都有优秀的一面，别人发现不了，我们自己可以发现；别人不欣赏我们，我们完全可以自己欣赏自己。事实上，如果我们能自我欣赏，那么我们就会变得快乐起来。

不管你是谁，请记得欣赏一下自己，其实，我们本身就有很多闪光点，只是我们忘了注意自己而已。你的眼睛很迷人、你的性格很开朗、你的智商很高、你的内心很善良、你的眼光很独特，等等，这些都可以成为自我欣赏的理由。当自我欣赏开始的时候，也是自信心成长的时候。

1. 喜欢自己

席慕容说："人的一生应该为自己而活，应该学着喜欢自己，应该不要太在意别人怎么看我，或者别人怎么想我。"其实，别人如何衡量你也全在于你自己如何衡量自己。欣赏带给人的不仅仅是放松和自由，还是在自我欣赏之后产生的一种积极向上的情绪和动力。

2. 坦然面对自身缺点

你必须明白，要想得到别人的尊重，首先应该尊重自己。同样地，要想得到他人的欣赏，你要做的第一件事就是自我欣赏。当一个人开始厌恶、鄙视自己的时候，根本不可能得到他人的欣赏。这样的人和"自强""自立""自信"等词语永远无缘。

3. 明白欣赏的真实意义

欣赏自己并不是傲视一切的孤芳自赏，也不是唯我独尊的狂妄不羁。

因为它不需要大动干戈的气势，也不需要改头换面的方式，它只属于一种醒悟，一种面对困难时能给予自己信心的源泉，一种推动自己向挫折挑战的动力，也就是自己的包容。

4.用些具体的话暗示自己

"我不仅勤劳，而且认真""我很聪明，并且富有创造力""我很高兴，我能够坚持自己的观点，我在做真正的自己""我一天比一天聪明，我每天都在前进""一小步的成长也能令我收获很多"……平时，我们可以说些这样类似的话语鼓励自己，相信这会让我们的心态更为积极乐观。

心理悄悄话

生活中有太多的人习惯看不起自己，爱贬低自己，他们常说的是"我怎么这么胖""我真是太笨了""我怎么老是做错事"……倘若你总是在斤斤计较自己的平凡，总是在想方设法证明自己的失败，你就会每天为自己的想法找证据，结果就越来越觉得自己平凡、渺小，处处不如人。

培养自信，让自己时刻闪光

凯文今年35岁了，和媳妇娇娇结婚8年了，他说娇娇什么都好，就是缺乏自信。在家里，娇娇整天照着镜子抱怨老天爷不公，没有给她一张漂亮的脸蛋。其实，她长得并不差，身材也不算胖。但是，她总是认为自己长得太丑了。外出的时候，她总是要把衣柜里的衣服都拿出来试穿一遍，如果凯文赞美她，她则会气呼呼地说："能不能不要嘲讽我啊，不好看就是不好看，有必要这么违心说话吗？"有时，娇娇会说："我的腰太粗了，穿上这个连衣裙简直成水桶了，你难道看不出来啊？"结果弄得每次出门，都成了凯文最头疼的事。

"天生我材必有用"，其实每个人都有与众不同的地方。进而可以说，在这个世界上，如果没有得到你的同意，没有人能够让你感到自惭形秽。如果你在他人怠慢你、诋毁你之前就已经看不起自己，那你的确该审视一下自己了，你此刻的过度自卑会让你变成自己想象中的那般一无是处的人。一个失去了自信的人，他身上呈现的光彩和魅力也会慢慢消失殆尽。

秦伟是一个大专毕业生，他在毕业后就进入一家公司做设计，初出茅庐的他想要在这个公司好好发挥一番，于是他干劲儿十足地投入到工作中，并且也取得了一定的成绩。随着他在公司的时间变长，他渐渐地发现公司里从事设计的人员大都是名牌大学的博士生和硕士生，最次的也是重点大学的本科生，这让秦伟觉得压力很大，他觉得一个专科生挤在一群比自己学历高很多的本科生中，多少有些不相配，就如同凤凰窝中的野鸡，是一个异类。

每隔一段时间，公司就开会评比各设计师的设计成果，如果秦伟一旦排名靠前，他就对自己说："哎，我这也就是赶巧了，纯属侥幸。"而每当自己落后，秦伟又会对自己说："就我这样的学历，不落后才怪呢，本来就没有什么可比性而言。"而且每次约见大客户时，秦伟也总会把机会让给身边的同事，因为他觉得自己不配和那些大老板谈生意。即使去了人家也不会瞧得起自己，所以就不去自取其辱了。这种消极的心态使秦伟越来越不自信，最终发展到只敢天天在公司打电话，而不敢约见客户的程度，一直成绩平平，毫无进步。

自卑的人总是无心无力做一件有挑战性的事情，他们常用的借口是："唉，我能力太差！"这种人始终无法摆脱自卑的"纠缠"，也根本无法实现自己的目标。而欲成就一番事业，首先要做的一项工作就是树立自信，拒绝与自卑纠缠。

自信是一种开拓进取、向上奋进的心态，是一个人取得成功的重要心理素质。在职场，只有拥有足够的自信，才能尽情展现自己的才华。自信心不足的人，常常畏畏缩缩，举止失度，很难获得大家的认可。

自信的性格是在长期生活中一点点培养和建立起来的，根植于一个人身心品质的深层。如果平时不注意培养自己的自信，真遇到困难和挫折的时候，就会觉得信心不够用了。那么，如何养成自信的品质呢？可以试试下面的方法：

1. 找出不自信的原因

仔细寻找，你会发现原来自己的自我主义、胆怯心、忧虑及自认比不上他人的感觉已经存在很久了，而自己和家人、同学、朋友之间的摩擦往往是由自卑的消极心态造成的。若对此能有所了解，则你就等于已踏出克服自卑感的第一步了。

2. 少与人比来比去

人类之所以会产生自卑情绪，是因为有比较的心理。要想使自己充满信心，首先就不要去跟别人比较，告诉自己每一个人都有优异的一面，也有差劲的一面，所以没有什么好比较的。

3. 敢于当众发表意见

在会议中沉默的人都认为："我的意见可能没有价值，如果说出来，别人会觉得我很蠢，我最好什么也别说。"越是这样想，人就会越来越失去自信。但如果积极发言，就会增加信心，下次也就更容易发言。

心理悄悄话

"相信自己，你将赢得胜利，创造奇迹；相信自己，梦想在你手中，这是你的天地；相信自己，你将超越极限，超越自己；相信自己，当这一切过去，你将是第一……"我们都有很大的潜能，只是我们没有用信心激发出来，大声对自己说一句"我能行"，有这样的气魄和心态，还有什么过不去的坎儿呢？

人无完人，不妨坦然面对缺点

大学毕业之后，王朔来到一家公司面试，面试那天，王朔将自己的简历递给面试官。负责招聘的人事部经理看了王朔的简历，发现与其他的简历不太一样。上面不但有他的工作经历及业绩，另外还单列一栏，介绍自己的缺点：性格过急、做事固执等。人事部经理颇为困惑，就问王朔："王朔，有一点我不明白，你为什么这么直接？你竟然把自己不好的一面呈现在简历上。可是，你就不担心因为自己的缺点而被面试官拒之门外吗？"

王朔非常坦然而又真诚地回答道："是这样的，我觉得人无完人，每个人都是有缺陷的，我也不例外。我认为，让贵公司了解我的缺点比了解我的优点更重要。此外，回避自己的缺点是一种不自信的表现，我会在实际行动中不断改变自己，让自己变得更优秀。"

听了王朔的回答，人事部经理非常满意，就爽快地对他说："不错，小伙子有胆识。的确，一个不敢正视自己缺点的人又该如何面对现实呢，我们公司也正需要像你这样的人才，这事就算定下来了，下周一准时来公司报到吧！"

每个人都会有缺点，这个世界上，十全十美的人是不存在的。有些人面对自己的缺点，总是想办法遮掩，害怕别人笑话。其实，这样做反而会使人感到虚伪、不真实。正确的方法是坦然面对自己的缺点，不去有意掩饰，而是敢于挑战自我，承认缺点，这样就会赢得大家的尊敬。

从前，有只八哥，它的鸣声嘶哑难听，叫起来与乌鸦和猫头鹰的声音差不多。

谁听了都厌恶地摇起头来，咒骂他："不祥的鸟儿，快点走开！"

自从它得到了一枝万能的金笛，一下子变成一只最巧嘴的鸟儿，唱起歌来美妙动听，人人称颂！

八哥怎样得到万能的金笛的呢？是这么回事——有一天百鸟正在山林中聚会，从天上飘下一支金笛，落在它们当中。

这枚金笛能发出最美的声音，奏出的乐曲格外悠扬、动听！而且这金笛能巧妙地模仿人的语言，当然更能模仿各种鸟儿美妙的啼鸣声。

这枝金笛应该交给谁来使用？鸟儿们开了个会议认真地讨论：谁的鸣声最难听、最不受欢迎，就把金笛交给他，弥补它命运的不幸。

鸟儿们决定发扬民主，由大家来推荐，再加上自己的申请。

于是大家就开始了评议，推荐出的对象是：乌鸦、八哥和猫头鹰。

乌鸦头一个提出了抗议："你们的评议太不公平！谁敢说我的叫声不受

欢迎？我看呐，我的嗓子比你们全都悠扬动听！"乌鸦陶醉着。当它发现别人对它的话很不以为然时，它勃然大怒："你们这是对我最大的污蔑，我要向鸟王的法庭提出诉讼！我声明我坚决不要这枝金笛，我看，还是把金笛送给八哥或猫头鹰吧！"

猫头鹰也愤怒地高声大喊："难道说我就是好欺负的孬种？我的叫声比你们谁的都不差，虽说赛不过金铃吧，但包能赛过银铃！谁敢说我的叫声不受欢迎？我看呐，人们都对我十二分地尊敬！我也声明坚决不要这支金笛，我提议还是把金笛送给八哥使用！"

就剩八哥没表态了，这时八哥点了点头连声说："我的短处我自己知道得最清楚——我的嗓子嘶哑，叫声很不好听，到处惹人讨厌，不受人欢迎……就请把这支金笛交给我吧！感谢大家对我的一片盛情！"

于是，就结束了这场评议，万能的金笛就到了八哥的手中，从此八哥就变成了一只最巧嘴的鸟儿，到处受人欢迎，到处被人称颂！

乌鸦和猫头鹰拒绝把自己的短处换成长处，所以至今让人厌恶不已。

有缺点不可怕，可怕的是在缺点中不自省，可怕的是在缺点中迷失自己，更可怕的是在缺点中自卑堕落。朋友们，人人都有缺点，这不是什么丢人的事情，也不是什么无法治愈的疾病，只要大家克服了内心的障碍，正视缺点，不以之为耻，那迟早我们都会把缺点变成优点的，我们的心情也会更为开朗明媚。

有缺点，这未必是坏事，因为发现缺点并改正缺点的过程是一个自我反省、自我提升的过程，这会让你变得更为优秀。为了达到一个目标，为了满足自己，我们不停地寻找，寻找自己的缺点，并且想方设法改正它。慢慢地，我们发现缺点的过程便自觉地成为一种惊喜，一种享受。

总之，我们应该以正确的态度去面对自己的不足，并克服它，才能逐步完善自己。

1. 有良好的自信心

为什么大多数人不愿意正视自己的缺点呢？原因就在于他们不自信。为了自己可怜的自尊，他们往往对自己的优点了如指掌并大肆宣扬，而对自身的缺点却不敢承认和面对，害怕缺点被别人看透，受到他人的嘲笑和蔑视。长久下去，这种不自信将会对人们的身心不利。

2. 拿出自己的勇气来对待

既然这个是客观存在，是不可能逃避的现实，那还不如坦然面对。这样的效果肯定要比躲躲藏藏好一些，正视自己的不足，并且相信自己可以慢慢得改正，缺点也会慢慢成为一个小优点。

心理悄悄话

俗话说：金无足赤，人无完人。如果你不敢接纳自己的不完美，那你的心理素质的确令人堪忧。放下自己的心理负担吧，缺点没什么大不了，努力改正不就可以了吗？何必耿耿于怀，何必折磨自己呢？如果一个人足够自信而坦承自己缺点的话，那么，他会显得很可爱。

少一点比较，多一点快乐

生活中，我们总是会习惯性地以比较的眼光去看待事物，比如，自己比他人拥有的多与少，事物的好与坏，等等。当我们与他人进行比较的时候，就自然无法欣赏或满足自己所拥有的，从而会让我们瞬间失掉应有的快乐和幸福。

公司职工王萌萌在大学时期的朋友张悦近日搬了新家，请她和几个同班同学上门做客。坐在张悦宽敞的新居里，王萌萌想到自己不到八十平米的蜗居，不免对自己心生不满。大家好久不见，免不了要述说各自的经历。张悦高谈阔论，说自己半年前升职了，如今调到市里的财务局了，自己的老公在事业上也是如日中天，成为了公司的总经理，生活越来越好，所以老公就在本市买了套新房。王萌萌忍不住偷偷地将自己的境遇与张悦的比了又比：看看人家，金钱名誉双收，自己呢，在一个普通的小公司辛辛苦苦地忙碌着，也不过是个不起眼的小组长，工资多年不涨，自己又没本事受领导重用。结果，王萌萌越比越生气，越想越郁闷。"我怎么就比人差那么多呢？"王萌萌在心里默默地抱怨自己。随后，王萌萌越来越自卑，觉得自己在老同学面前抬不起头，总是刻意地逃避去参加同学聚会，因为她觉得自己混得太差，没脸面在他们面前谈论自己。随后，王萌萌也把这种消极的心态带到了家里，对于平时待自己如珍宝的老公，她也是越来越看不惯，总是抱怨他没本事，让自己活得这么辛苦，还老是拿着自己的老公和同学及朋友的老公比较，说些刻薄的话，慢慢地，她的心态越来越差，老公对她也越来越冷淡。

每个人都有自己的不足，在乎别人的目光只能使自己变得疲惫。如果你还让自己活在与人比较的生活中，那你就会变得越发自卑、孤单。须知，日子是过给自己看的，何必非要强迫自己与别人相比呢？

在现实社会中，总有那种什么时候都能看见别人身上的好处却看不到自己身上的亮点的人，他们整天追随别人的生活，却从不合理地安排自己的生活。对于一直追随别人生活的人来说，过度的虚荣会让他们在落后中自寻苦恼，形成强大的压力从而迷失自己。

其实，我们无需比较，因为不论怎么比较，总有比你强的人，也有比你弱的人，何须自寻苦恼呢？比着比着，你就会变得更加消极，总是觉得自己是匮乏的。所以千万不要总和别人比较，以免坏了自己的心情，降低了对幸福的感知度！

1. 摆正自己目光的着眼点

现实中，很多人在与别人的攀比中，丧失了自己的个性，仿佛眼中只有别人的言行，而自己却慢慢沦落到"邯郸学步"的地步。因此，我们一定要学会摆正自己的心态，不去作无谓的比较；要学会摆正自己目光的着眼点，不要让自己迷失掉。

2. 适当放松，少一点奢求

不要奢求太多，也不要用比较的眼光来看待事物，那样生活会很累，时常告诉自己，"可以了""很好"，给自己一个心理暗示，让身心放松下来。不与别人比较，你需要什么就争取什么。

3. 不断提升，跟自己赛跑

与其和别人比较，不如做个跟自己赛跑的人。例如列出一张表，把自己想要达到的目标及必须完成的时间写上，在实践工作中和自己的目标相对照，完成了几项，还有多少没有达成，从中感受到自己的进步，这样，你就能从点滴的进步和努力中变得更为优秀。

4. 做一个心胸开阔的人

常言道："心底无私天地宽。"学会放平心态，才能够在看到自己和别人的差距时，坦然自若，选择正确的应对方法。否则，就只会让嫉妒之火破坏自己本来平静的生活。做一个心胸开阔的人，一个知足常乐的人，才能够时时刻刻发现属于自己的幸福。

))) 心理悄悄话

"人比人，气死人。"这句话的意思大家都懂。如果有人硬钻牛角尖，就是选择这一辈子都要与烦恼为友的话，甚至有可能会闹出人命。要相信人无完人，每个人都会有其遗憾的地方，而盲目的比较只会让自己更难受而已。

尝试新事物，锻炼自己的胆量

大家应该经常遇到过类似事情，某一困难立在面前，想征服它，可是感觉要克服万重阻力。因此，不知不觉中自己就开始后退，被恐惧与自卑包围。此时，我们不妨学习一下那些敢于突破的强者，勇敢地尝试一下，即便你没经历过，但是这并不代表你征服不了它。敢于尝试，你才能慢慢地战胜自己，直到克服自卑的那一天。

也许我们不够聪明，也许我们的家世也不出众，但是这些都不应该成为限制一个人去尝试新事物的勇气。要知道，新尝试如果成功了，你就会成为某个行业的领头羊，即使失败了，你也会获得别人不可能拥有的宝贵经验，所以为什么不试试呢？

我们看一下下面这个案例：

上学的时候，王贝贝和李海璐是同宿舍的好朋友，她们都喜欢乒乓球，但是由于各自性格差异，所以呈现出了不同的发展水平。王贝贝的乒乓球打得不好，所以老是害怕输，而且容易紧张，在球台上不敢与人对垒。有一次她跟室友一起打着玩，后来去了很多同学，她们都在周围欣赏，一时间多了太多的观众，王贝贝当场就乱了阵脚，不知如何是好，最后打得乱七八糟，满脸通红，总以为周围的人在笑话她，所以她一直不敢突破自己，只是偶尔人少的时候去玩儿几次，至今她的乒乓球技术仍然很蹩脚；李海璐的乒乓球打得也很差，但是她从不觉得有什么丢人的，她觉得不会就要多多练习，这样才会取得进步，有时候她招呼王贝贝去打球，王贝贝不去，她就去球台跟其他班级的同学一起练习。李海璐从不怕被人打下场，刚开始的时候老是出现错误，打得很差，惹得周围一片笑声，但是她也是一笑带过，越是输越打，然后还跟那些有经验的学长请教技巧，平日里也喜欢去观看他们的比赛，后来经过自己的不断努力和学习，她终于成了令人羡慕的乒乓球高手，成了大学乒乓球代表队员。

敢于尝试的态度对于成功者来说是非常重要的。一个人对于生活的态度不是一成不变的，你可以设法改变你的态度。在你前进路途中的每一步上，你都肩负着一定的责任，因此，一定要树立一个正确的态度，始终坚持尝试。

只有不断尝试挑战，我们的智慧才会得到增长，我们的能力才能得到提升，从而不断超越自己。一个人如果不敢尝试，不敢承受失败的痛苦，便得不到成功的喜悦。一个人在一生中如果从未跌倒，算不得光彩；每次跌倒以后，都能勇敢地再站起来，才是最大的荣耀。

"尝试"，是一个简单的词汇，但未必人人都能做得到。我们无法保证尝试后是否成功，但是朋友啊，如果你连试一下的勇气都没有，那你成功的可能性就是零啊，岂不是很可惜吗？西奥多·罗斯福曾经说过："失败虽然痛苦，但更糟糕的是从未去尝试。"敢于尝试，你才能打破内心的自卑，战胜自己的恐惧。

1.不要总是担心失败

如果凡事都只想到失败，或只想到必须成功，做起事来难免会缩手缩脚，缺乏正确的思想准备是不会成就大事业的。在这个世界上，比我们聪明、比我们优秀的人比比皆是。如果总是担心技不如人，而失去了竞争的勇气，那么这个世界就不会如此丰富多彩了。

2.选择适合的方向为之努力

人生只有走出来的美丽，没有等出来的辉煌。在现代快节奏的生活中，如果你什么都不会，不妨选择你自己较为擅长或者是比较喜爱的方向并为之坚持不懈地努力，那么你终将走出一条属于自己的路，属于自己的辉煌，自己的人生。一直自卑地活在自己的世界里只会让你变得与这个社会越来越格格不入。

3.脸皮厚点，不怕出丑

由于我们害怕出丑，因此也许会失去许多生活机会而长久感到后悔。我们也应该记住法国一句成语：一个从不出丑的人，并不是一个他自己想象的聪明人。大愚若智，积愚成智，生活的哲学就是这样。

心理悄悄话

人要有一股敢于冒险、敢于挑战的精神头儿，如果一直唯唯诺诺，一点小事就被打倒，那人生真的是太缺乏意义了。朋友们，其实没必要害怕，冒险不是让你做出多大的牺牲，而是锻炼自己不服输、敢于应对新问题的品质。其实，生活的趣味在很大程度上也缘自于此。

自轻自贱，会让人生更加迷茫

如果你觉得你浑身是缺点，如果你自己就把自己定位成一个愚笨的人，一个处处碰壁的人，如果你一直妄自菲薄，自认为一无是处，那么恭喜你，你将会一直悲哀下去。因为你的所有希望和期待都被你自己拒之门外了。自

我贬低，只能给你的人生酝酿一幕幕悲剧，使你只想躲藏自身，不敢向前进取。

莉莉是一家杂志社的编辑，在大学读书的时候，是一个非常自信、从容的女孩，学习成绩在班级里是出类拔萃的，相貌也是出众的，追她的男孩子也特别多。

大学毕业后，莉莉进入了一家杂志社，成了一名正式编辑，在杂志社待了两个月之后，以前认识她的人惊讶地发现，一直笑哈哈的莉莉竟然变得沉默了许多，完全不像是原先的那个人了，感觉非常怯懦拘谨。不仅如此，莉莉做起事来也是犹犹豫豫，前怕狼后怕虎的，和大学时候的她形成了鲜明的对比。

早上上班出门前，为了穿衣打扮莉莉经常要比别人早起一个多小时，莉莉觉得，如果不早点起床，那她就无法把自己打扮得精致而美丽，这样的话会被公司领导和同事嘲笑。对待工作，莉莉更是非常谨慎，做起事来可以说是念念叨叨、反反复复！这到底发生了什么？是什么原因让一个开朗的女孩变得如此没自信？

其实，原因十分简单，是因为莉莉不能承受工作中的打击。有一次，主编要她将一份文件送到办公室，由于行动匆忙，莉莉把文件搞混了，当时，主编用严肃的态度告诉她做事要细心，莉莉此时紧张了一下，她觉得主编这是对她很不满意，这么小的事情都能出错，从那以后，莉莉做起事来就畏首畏尾的，生怕做错事。

还有一次，主编要莉莉陪同见一位很重要的受访人，莉莉因为穿着不当而遭到了主编的指责，这就是莉莉每天都早起一个多小时精心装扮自己的原因。

莉莉的这种表现，在心理学上属于后天的认识性自卑，也就是说，主要原因在于莉莉的认识——她对周围环境的认识、对工作的认识、对同事与上司的认识，更主要的是对打击的认识。

经过几次的批评，莉莉不敢正视别人的目光，变得自轻自贱，对自己的认知也越来越低下，生怕看到别人鄙视的神情、听到主编的传唤，也显得神经兮兮，每次向主编汇报工作时都非常谨慎，就这样，莉莉的精神时刻处于

极度紧张的状态中。

终于有一天，莉莉无法承受这种精神折磨了，她开始消极倦怠了，对待工作也显得漫不经心，以往的那股劲儿也不知哪去了，过了没多久，莉莉收到了杂志社的解聘书，无奈之下离开了这家杂志社。

只要看重自己，自珍自爱，生命就有意义，有价值。无论大家是在较高层次的平台上演绎人生，还是在一般层次上努力求索，尽管所遇到的困境、逆境及诸种矛盾的状况不一，但有一点是共同的，即必须亲自点燃与命运搏斗的激情之火，开拓创造新的人生之路。

记得龚自珍曾说："我劝天公重抖擞，不拘一格降人才。"在这个崇尚个性和发觉自我价值的年代，人才本是不拘一格的，但很多人却未能发现自己的价值和使命，在跟别人的比较中，心理逐渐失衡，也使得命运偏离了原来的方向。

成功者告诉我们，不论何时都不要看不起自己。即便你一无所有，你也要自信地生活，相信自己一定是最好的。如果你有了这种思想，那你就不会堕落下去，而会一步步走向成功。远离自轻自贱的自卑心理，你需要做到以下几点：

1. 要承认自己的优点

实际上，如果你的确在某方面有优点，但是你却不承认它，那么，这种做法既不合常理，也显得你不诚实。对自己的优点加以肯定并非吹牛或说大话，而是诚实、自信的一种表现。聪明人都对自己的优点十分清楚，因为他知道这些优点就是自己成功的基础。

2. 正确看待竞争的意义

对自卑者来说，一旦失败，就会认为被人瞧不起。他们也总想躲避竞争，行动还没开始就断定自己不会成功。如果他们能够认识到胜利或失败乃是常事，就能勇于参加竞争；如果他们能够在竞争中总结经验教训，就能够克服把竞争作为消极的心理防御手段，从而有利于继续参加战斗。

3. 积极的语言暗示

语言就如一面镜子，能清晰地反映出你心中的意念。比如，你说："非

常可惜，我们失败了。"那么，你看到的画面就是"失败"这两个字所传递出的悲伤和失望。可如果你这样说："我坚信这个计划一定能成功。"这时你就会非常振奋，准备再次行动。

))) 心理悄悄话

一个不停轻视自己、贬低自己的人，其最大的副作用就是，严重地打击了自己的自信心。一个没有自信的人，注定与成功无缘。可以说，你怎样看待自己，或多或少都会影响其他人对你的看法，你对自己优缺点的描述，在一定程度上决定了他人对你的印象。

第12章
摒除自负情绪——过度骄傲会输得很惨

　　做人，缺乏自信不可取，但是也不能超过界限，变得自负。自负的人往往好大喜功，总是自以为是，感觉自己了不起。自负情绪对自身不利，它会影响到一个人的学习、工作、生活甚至人际交往。因此，我们一定要把控好自身情绪，避免陷入自负的陷阱。生活中，我们常常不自觉地变作一个注满水的杯子，容不下其他的东西。因而，学会把自己的意念先放下来，以虚心的态度去倾听和学习，你会发现大师就在眼前。

丢掉自负情绪，回归真实的自己

有人说："自负，像一个泥潭，一旦陷进去就会难以自拔。"生活中有一部分人，比较自傲自大，总觉得自己文化程度高人一等、家境高人一等、能力高人一等，于是就不把他人放在眼里。他们沉浸在过去的胜利之中，看不清楚自己，误解了自己的真实气场。自负，会给人带来过多的"负能量"。

王娇娇是个非常高傲的女生，有些自负，一般人她都不太放眼里。她毕业于一所名校，毕业之后，想找个如意的男朋友。当然，这合情合理。本来嘛，王娇娇年轻、漂亮、工作好，家庭条件也不错，自己还是名牌大学毕业的研究生。但是王娇娇的标准实在是太挑剔了，她希望未来的男朋友首先要有钱，然后还得英俊、潇洒、性格温和，学历还得比她高，最好是个海归，年纪还不能太大，否则，她就觉得配不上自己。

说来也怪，王娇娇身边从来不乏追求者。别人认为求之不得的男人，她却不屑一顾，甲有钱，可是长得好老相；乙帅气，可是钱包太瘪了；丙长得帅气而且家境殷实，但只是个高中学历，王娇娇觉得跟他谈不到一块儿去……于是，王娇娇挑来挑去，没有一个中意的。说实话，初入社会的小伙子，羽翼未丰，有几个有钱的呢？

转眼王娇娇已经二十七八岁了，当初的追求者不是有女朋友了，就是结婚了，一天比一天少了。尽管还有些追求者，但是条件已经明显不如以前了。王娇娇心想："就凭我这么好的条件，哪儿能跟他们啊。我以前拒绝的人比他们强多了！反正中国男的比女的多，别以为我整天惦记结婚，现在过得也挺好。我白天玩得快活，夜里睡得安稳。"

一晃两年又过去了，王娇娇的追求者没了。而王娇娇的青春年华已逝。她百无聊赖，细数过去的女友，她们大都结婚并有孩子了，唯独她一人独守空房。王娇娇照照镜子，不禁伤感，细纹已经开始爬上她的眼角。她好不容易看上一个中年事业有成者，可人家想找个年轻的女大学生，把她拒绝了。

高傲的王娇娇已没有了傲气，也没有盛气凌人的架势了，理智命令她赶快嫁人，再也不要挑剔。恰好有个人向她提亲，她答应了，没有多么地喜欢，因为对方并不符合要求，那人长得比较矮、身材也比较笨重，可是她还是勉强应了，只是觉得年纪太大等不起了。

自负的人一般把他优于他人的地方当做自负的资本，但这种人往往夸大自己的过人之处，而看不到自身的短处和他人的长处。这导致他们无限地自我膨胀，以自我为中心。这种人总是把自己看得很重要，但事实上，自己并非想象得那么重要。自大的人历来成事不足，败事有余。

其实，越是无能的人越是找不到自己的位置，越发自命不凡，他们就好像为自己挖了一个坑，不知深浅，在里面迷失了自己。自卑可怕，自负也一样可怕，会让人迷失心智，做出很多可笑的事。自负，它绝对是一个横在我们成就丰功伟绩之路上的障碍。那么，我们该如何避免这种消极情绪呢？

1. 要正视自己身上的不足之处

清醒地看到自己存在的不足。金无足赤，人无完人，即使你在某一阶段取得了领先他人的成绩，也不代表你的能力就比他人强，不代表你能永远超越别人。在成绩面前，要善于检查自己身上存在的不足，才能克服不足，不断进步。

2. 要看到他人身上的过人之处

青蛙待在井底时，觉得自己很大、天很小，而当它跳出井口时，就发现原来天很大而自己很小。每个人都有优点、都有长处，勇于承认他人、赞美他人时，就会改善你的人际关系，你也会得到更多的赞美与感激。

3. 全新地、全方位地审视自己

现代社会中的我们，应全方位地审视自己。审视，是一种积极地自我超越，正如每日照镜子一样，没有审视地活着，实际上是对自我存在的极不负

责地纵容。当然，全方位审视自己，不仅包括发现自己的不足，还包括明确自己的优势。

心理悄悄话

自负让人狂妄，让人蔑视一切，让人失去前进的动力，让人安于现状。一个自负的人，可能比较出众，但是却很难做到最好。原因无他，因为自负让他们失去了谦虚。"自知者明"，一个自负的人，又怎么能够虚心地认清自己呢？

勿易自满，空杯心态会让你变得更优秀

把水全部倒光后，才能吸收更多的东西，不要想着自己知道什么，而要记着其实自己什么也不知道。每一个人要想应对时代和环境的变化，就必须随需应变。而以变应变，就要求我们具有空杯心态。

王琳在生孩子之前是一家中型企业的销售经理，无论做起什么事情来都是风风火火的。但是再能干的女人都免不了一个休整期，王琳在婚后的第六个年头终于迎来了她生命中最重要的一个男人，那就她的儿子豪豪。对于这个好不容易才得来的宝宝，王琳简直是捧在手心怕颠着、含在嘴里怕化了，为了给宝宝一个更好的成长环境，王琳决定在孩子三岁之前全心全意照顾她，等到孩子进了幼儿园再去工作。

三年的时间转瞬即过，宝宝很快进了幼儿园，赋闲在家整整三年的王琳也终于有机会重返职场了。于是在筹划好一切之后，王琳重新投入职场，因为三年都不曾工作了，所以王琳很自觉地降低了对职位的要求，很快，她就成了一名大型合资企业的销售员工。

赋闲在家的时候，王琳曾无数次设想过自己重返职场之后的情景，她一定要保证工作效率，及时为自己充电，并尽可能快地重新建立起自己的人脉……但是现实生活往往并不遂人愿，王琳很快发现，尽管她三年前

和三年后的工作都是销售，但是工作的流程却有相当大的差别。在新的工作环境中，王琳之前做销售积累的经验几乎完全用不上！她愿意学习，但是这一切从零开始的状态让她实在有些难以接受。上班一个星期后，王琳觉得自己几乎成了一名抑郁症患者，她觉得自己现在的状态和一个新人没有什么两样。为了排解压力和郁闷，王琳在一次闺蜜聚会中说出了自己的困惑。

"为什么不用空杯心态去融入职场呢？"闺蜜说，"反正你现在的职位也只是一名普通的销售员，既然如此，那就把自己当作一名新人，忘记过去的成绩，也忘记过去的习惯，一切从零开始吧！"

王琳听完闺密的劝告，回到家仔细思索了一下，然后重新为自己做了定位，在工作的时候她把自己当作一名没有经验、不断学习的员工，然后努力适应新环境，融入新的团队，结果没过多久她就发现自己所处的环境有了变化。习惯了新的工作方式之后，王琳也发觉了新方式的确有老方式所没有的优点。而且当她真正把自己放空，涤除掉过去僵化的思维模式和工作方法后，新的工作也变得顺利起来。

世界上最愚蠢的事都是最聪明的人干的，笨蛋也干不了最愚蠢的事。骄傲、张扬给人以攻击性，会让周边人产生本能的防御心理。不论在什么环境下，我们都要有空杯心态，抱着谦逊的姿态，多请教，多学习，这样才能有所提高，有所进步。

要做到空杯心态，并不那么简单，因为正常人多多少少都会骄傲自大，都会虚荣。假如你能真正达到空杯的境界，那你的未来真的是充满无限光明。因为保持空杯心态，可以让我们正确认识自己和世界，并与阻碍自己发展的因素告别，这是一个人走向成功的第一步。

1. 保持一颗谦卑的心

如果你想不陷入自满自大的状态，那就试着用一颗谦卑的心对待你的生活，以无限的热情去学习新的知识、新的技能，不断充实自己。如果你骄傲自满，总认为自己已经很了不起了，那么你将永远停留在原地无法前进。

2. 不断审视自己的状态

要想让自己保持空杯心态，就应该时时审视自己，对自己的认识和思维进行必要的调整，清空一些思想行为方式，为更加成熟的思想和情绪腾出足够的空间，保证自己的思考和认知不断地更新。做到了这一点，就不会再抱怨别人了。

3. 空杯心态不代表否定过去

空杯心态并不是一味地否定过去，而是要怀着放空过去的态度，去融入新的环境，对待新的知识、新的事物。永远不要把过去太当回事，永远要从现在开始，进行全面地超越！当"归零"成为一种常态、一种延续，也就完成了对自我的全面超越。

心理悄悄话

朋友们，我们的人生之路还长着呢，如果你总因为一点儿小成就就迷失了自己，变得自傲自大，那你前方的路还怎么走下去呢？面对成就，笑一笑，就放下吧，人生处处是起点，我们要敢于从头再来、重新起航，这样，我们才能收获更多的惊喜。

谦卑做人，放低自己的姿态

当自己正春风得意时，千万不能得意忘形，这样你才能不伤害别人，也不会被别人伤害。反之，当把自己的得意展现无遗时，很可能就会招来别人的怨恨、自己的不快。

经过三年的苦苦奋斗，王芳芳终于被提升为部门经理了。王芳芳等这一天等了很久，终于在单位混上"官"了，扬眉吐气的日子可算来了。

提升为部门经理之后，王芳芳立即与办公室的老同事们划开了界限。王芳芳心想，部门经理是领导，下属们都是干活的，怎么能混在一起呢？为了和下属们区分得更明显一些，王芳芳穿起了端庄稳重的服装，留起来了成熟

知性的短发，还穿上了干练简洁的高跟鞋，更令人觉得好笑的是，王芳芳学会了提起嗓子抑扬顿挫地说话，因为她觉得作为一名管理者，说话拿捏着才有威信。

王芳芳的变化引起了下属们的不满，大家私下里说她"小人得道，六亲不认""拿个鸡毛当令箭，真以为自己是县令大老爷""估计连她妈姓什么都不知道了"等等。不过反感归反感，大家还是按部就班地该干什么干什么。

一段时间以后，脱离群众的王芳芳看不到下属们的优点了，她觉得下属们个个鼠目寸光、冥顽不化，只有自己才华横溢、视野开阔。

一天，一个下属制表时，不小心弄错了一条数据。王芳芳知道后，不分青红皂白，当着众人的面，对这位下属愤然指责："你是怎么工作的？连这么件小事都办不好？你有没有脑子啊？会不会干活啊？公司拿钱就养你这种白痴吗……"王芳芳很过分，一点儿也不在乎这位下属的颜面，专挑难听的字眼骂。

王芳芳的傲慢和官僚派头，早就让下属们心生不满了，而今，她却不知收敛，反而愈演愈烈，她真以为自己是"大官"吗？真以为下属是"奴才"吗？正骂人骂得热血沸腾的王芳芳，忽然脸上火辣辣得生疼——"啪"得一声，一记耳光落在了她的脸上。

"你？你？你敢打我？你敢打领导？"

"打的就是你？你以为你是谁？领导？那是公司给你的头衔，明天我在大街上看到你，都不认识你！"

"我要找人力资源开除你！"王芳芳焦躁地说。

"要开除他？我们整个部门的人要联合起来，开除你！你高高在上，官僚气息严重，已经引起了公愤！"一位年纪比较大的下属说。

"是的，我们要找老板，投诉你，开除你！"其他下属也纷纷附和。

看到这个场面，王芳芳悲恨交加，她不明白怎么会这样？自己明明很有能力呀，为什么下属们对自己不服呢？

因为升官，王芳芳变得目中无人，自以为是，渐渐地，骄傲自满的行为让同事们反感、厌恶，最终矛盾爆发。可以说，她最终悲恨交加的下场主

要来自于她内心的那份自满情绪以及那份看不起他人的高姿态。其实，如果她能在升职的过程中保持好自我，谦卑地与其他人相处，那将会是一个更和谐的画面，她的情绪也会越来越好。朋友们，在必要的时候，我们可以暂时藏起"高"来，退一步比进一步更重要，因为你可以重新找到一条生活的出路。放低自己的姿态，你就会收获另一种成功的人生。

朋友们，不要以为自己什么都行，得意时静下心来吧，表现得谦恭一点，将自己放在低处。这就如开在尘埃中的花朵，多了一份无华的朴实，少了一份浅薄的喧哗，必然能够吸天地之灵气，集日月之精华。

1. 放宽胸怀，大度做人

一个胸怀宽广的人，不会太计较个人得失，不会过于自尊。而那些太自尊的人，是很难放低姿态的，因为他们会有过多的屈辱感。当你放宽胸怀，拥有平和的心态时，你就会很客观地看待尊严，会懂得怎样维护别人和自己的尊严。这样的你，才不会为了放低姿态而觉得没面子。

2. 看到别人的优点

每个人都有优点，低姿态的人之所以"低"，是因为他们看到了自己的不足之处，明白"不耻下问"，他们对一切人、一切事都一视同仁，只要对方身上有闪光点，他们就会称赞，就会学习。他们相信每个人都有值得自己学习的地方。

3. 学会尊重每一个人

所有人的人格都是平等的，世界上谁也不会比谁高贵多少。而且，人生在世，权倾四方、威风八面不是成功，而性情的恬淡和安然才是成功。静下心来，从高高在上的姿态中降下来，尊重你身边的每一个人吧。

心理悄悄话

一个人要想成功，就要以低姿态来要求自己。我们的目标可以高远，但做事时需要把姿态放低。做人也是这样，低姿态是明智的处世之道。把自己的身价放低，是为了积蓄更大的爆发力，不鸣则已，一鸣惊人。

低调一点，不做逞强的人

生活中有这样一类人，有一点点小成就，他就忘了自己是谁，而且不把他人放在眼里，总是觉得自己高人一等，在他人面前一味地显摆自己的高姿态，处处逞强，以至于人见人烦。相信这种人大家都遇到过。为人处事，谦逊一点还是有必要的，否则，你就会迷失了自己，即便你能耐超群，但人外有人，过度逞能并不是一种本事，而是愚蠢的表现。

陈阳今年25岁了，在南方一所高校上学，是一名研究生，学习不错，性格也是非常外向。陈阳的老家是陕西，她出生在一个商人家庭，条件比较宽裕，从小她就长得比较漂亮，而且非常活泼，是家里的宝贝疙瘩。按常理来说，高学历的陈阳想要找到一份不错的工作应该不是什么难事，但大半年过去了，陈阳所面试的几家公司都没有录用她。原因究竟在哪呢？下面我们就来看看陈阳是怎样求职面试的。

毕业之后，陈阳将自己的求职目标定位为基层管理人员，通过几天的投发简历，她成功获得了一家高档购物中心的面试机会，职位是楼层主管。

一开始，陈阳先来了一段自我介绍，随后，面试官提出了第一个问题："请问你对时尚的认识是什么？"

陈阳想都没想，开口就说："各位考官，难道你们不认为在你们眼前的我就是时尚吗？作为一个典型的'90后'，我就是时尚的代名词，我从头到脚的装扮无一不代表着时尚。像你们这些每天都坐在办公室办公的职场老手，看到我的着装与气质之后就应该当即拍板，认定我就是最适合在这里工作的时尚达人，为何还会反过来问我什么是时尚呢？"

陈阳仅仅回答了一个问题，就被面试官请了出去。事后主考官对经理说："这位姑娘人长得漂亮，学历又高，起初看到她的简历后，我们人力资源部的很多同事都看好她。可是当见到真人之后才发现，她不仅说话没有礼貌，而且太过自傲。"

如果一个人过于逞能，那么他就会对自己提出一些不切实际的、过高的期望和要求。而世界上没有绝对的顺风船，一旦在船的航行过程中发生搁

浅、触礁甚至翻船之类的情况，他就会比一般人更难以接受现实对他的惩罚，从一个极端走向另一个极端。陈阳，作为一个面试者，面对一个个考官，她不仅没有做到谦逊有礼，而且还过度逞能，一味显摆自己，贬低他人，这样的面试怎么可能成功呢？

不逞强不代表唯唯诺诺。不逞强，它的意思是直面现实，追求真实，不抱任何偏见地理解、评价自我和别人。不逞强，不是毫无追求，它是用理智的进退观来审视局势。这种不逞强能使自己的心灵空间更广阔，且能让自己的心灵得到充分的休息调整，以便更好地寻求成功的契机。

1.把握好糊涂和精明的分寸

糊涂和精明是相对的，有时候太精明，会导致聪明反被聪明误；有时候装糊涂，大糊涂中也会有大精明。才干离不开智慧，处世也离不开智慧。只有将两者结合，才能做到不骄不躁，才会为人敬重。

2.不显摆，低调一点

低调是一种品质，一种修养，更是一种智慧。当你真正学会了低调做人，你就会拥有实实在在的平静和幸福感，生活中便会减少诸多的火药味道和硝烟弥漫，你就会发现原来享受生活并不是个空洞的口号。

3.切忌目中无人

诚实待人是赢得别人尊重的砝码，谦虚谨慎则可以减少成功路上的阻碍。工作中，要注意真诚地对待别人，不要因为他人某方面不如自己或自己某点强于他人而自以为是、目中无人，要学会接受他人的指正并能在他人需要的时候伸出援助之手。

心理悄悄话

生活中，那些处处优秀、处处夺榜首的人似乎并没有什么朋友，而那些能力一般的人周围总是不缺朋友。这是因为多数人不希望自己的朋友强于自己，让自己成为配角，所以那些抢尽风头的人，总会被排挤。所以，即便你很有才能，那也不要总是处处炫耀，处处逞能，当你受挫的时候你就会明白那种难受的滋味。

不自以为是，不要忘了你是谁

动物园里有一只非常美丽的孔雀，它浑身都长着漂亮的羽毛，其中有一根更是耀眼。每次孔雀开屏的时候，总是能引起游人的赞叹："看，多么漂亮的孔雀啊，你看它的羽毛，简直美极了。"

"是啊，是啊，尤其那一根羽毛。"旁边的人附和着，不停地夸赞着孔雀的那根长长的、耀眼的羽毛。

日子一天天过去了，这样的夸奖让这根羽毛飘飘然，它变得高傲不已，对同伴们也是高昂着头，时不时地来上一句："孔雀能这么美丽，还不是因为我嘛，没有我，哪能有人夸它。"同伴们听了，羡慕不已。

有一天，这根漂亮的羽毛忽然想到了什么，对着众羽毛说："我不能再过这样受孔雀摆布的日子了，我要离开它。只有离开它，我才会没有负担地高飞，然后接受众人的夸赞。"就这样，它努力地挣脱着，终于从孔雀身上抖落。但不幸也随之降临了，它并没有像鸟儿一样飞向天空，而是落在了泥淖中，再也没有人看它一眼。

自以为是是多么可怕的一件事啊！

《尚书》有言："满招损，谦受益。"此寥寥六字虽然言简，但其义甚丰。伟大领袖毛泽东也曾说过："骄傲使人落后。"这些言语都说明了骄傲自大的危险。无论你有多大的成就、多高的水平，都不能自以为是、狂妄自大，否则迟早有一天会栽跟头。

因为父母被长期外派美国工作，所以陈琦从小跟随父母在美国长大并受到了良好的教育。后来在美国一所名校拿到了工商管理硕士学位，回国后进入一家大型企业工作。而陈琦的顶头上司吴姐，既没有名校的学历，也不善言辞，为人低调，甚至有些木讷，陈琦当然没有把这个吴姐放在眼里，陈琦甚至想，这样的人，怎么有能力领导自己呢？于是在工作中，她常常一意孤行，把吴姐的命令当作耳旁风，而且，公司开业务会时，她还常常驳斥吴姐的意见。

起初，吴姐觉得陈琦是新人，可能是冲劲儿太足了，想好好地表现自

己，而且吴姐很看重陈琦良好的教育背景，也就处处对她宽容。有一次，陈琦作为一个项目的负责人和吴姐一起出差去上海，公司已经预先安排了几场重要的会议。

到了上海后，陈琦突然执意要去见一位在那里工作的好朋友，并说这次会面对此行的调查大有益处，甚至不惜放弃参加会议。吴姐不同意，认为她是这个项目的负责人，不应缺席任何重要会议，陈琦和吴姐争得面红耳赤，最后还是由人力部门的主管出面调解才以陈琦不去见同学而告终。结果，从上海回来后，陈琦就被"莫名其妙"地解雇了。

人不可有傲气，有了傲气的人往往自命不凡、自以为是，认为自己高人一等，于是不把任何人放在眼里。时间久了，就不知道何为敬人，何为自谦了，这正是一个人今后必败的先兆。案例中的陈琦就是这样的人，自以为高人一等，于是处处趾高气扬，不把领导放在眼里，想做什么就做什么，最终只能被辞。

朋友们，千万不要自以为是，这样会让你在认识问题的角度上出现偏颇，进而变得武断而不考虑他人，其间造成的后果不可小觑。遇到问题请多考虑、倾听他人想法，这样会使你的计划变得更为周全，也会使你的创造更多一份成功的把握。

1. 容得下不同的见解

每个人都有自己的喜好与见解，有人爱环肥，有人喜燕瘦，各有各的主张，这本无可厚非，但是如果非要把自己的标准强加在别人身上，一定会失望。毕竟，这个世界上并不是只有黑与白两种颜色，我们所代表的也未必是对的一方，所以不如包容地去看待相反的意见。

2. 虚心听取别人的意见

不要总认为自己高高在上，无所不能，更不能目空一切，听不进去别人的忠告。即使你有纵览全局的雄才大略，而相对来说，别人只能做一些微不足道的小事，但尺有所短，寸有所长，一个人再有能力，也有失策的时候，虚心听取别人的意见永远不会错。

3. 不要过度表现自己

有时表现十分的能力，有时则只表现八分，好让别人也有表现的机会，就好比一位超级球员，尽管个人得分能力超强，可有时也应给队友传传球，让大家也有机会表现。与人共事时，一定要懂得做人与处事的艺术。这样做既能完善自我，还能增强个人的魅力值。

4. 记得反省自己的行为

我们要认清这一点：人们都不喜欢那些自以为是的人。自以为是将会使与你接触的人们个个感觉头痛，从而对你有一个不良的印象。如果你不愿意别人这样看待你，那么，最好的办法就是关注自己的行为，不矫揉造作，不故意炫弄，以此来获得别人的喝彩。

))) 心理悄悄话

自信能让一个人更具魅力，但是自以为是却只会招人厌恶。如果你总喜欢炫耀，总喜欢挑人短处，那你不会有真心朋友，这种自负情绪会毁了你的。谁也不想与一个永远不认输、高高在上的人交朋友，因为朋友之间应该是平等的。

虚心请教，做个谦卑上进的人

人不是万能的，做不到事事都知晓。即使是学识渊博的人，也常常会有不懂的疑惑出现。虽然事实如此，但是，现在很多年轻人傲气自负，就算是有不懂的问题，也不愿意请教别人，因为他们认为这是低三下四的事。殊不知，以谦卑的态度对待别人，反而可以获得额外的收获。

王凯是个比较有傲气的小伙子，他不太擅长与人打交道，由于学历比较高，王凯就觉得自己的想法要高人一等，觉得自己做的都是优秀的，跟身边那些普通人不可能有什么共同语言。毕业之后，王凯踏上了工作岗位，很快，他找到了自己的第一份工作。因为对工作的不熟悉，整整一周时间，王

凯的新项目开发策划案被经理一遍遍退改，王凯的自尊心受到了很大的打击，每每看到经理失望的眼神，王凯都有辞职的冲动。王凯觉得是经理思想太落后，欣赏不了自己超前而又有思想的策划，他一直认为自己写的方案都是最好的。

后来，王凯和关系比较好的表哥吃饭，谈起现在的工作，王凯就说出了自己的苦恼，表哥听了，对王凯说："踏上工作岗位，这对你来说是一个新的起点，虽然你觉得身边的人并不怎么突出，但是有一点你要承认，人家在这个工作岗位上已经干了很多年，他们对这些工作的要求是非常熟悉的，可以说很多都是经验丰富的老手，你要多与他们交流，放下自己的自尊心甚至是傲气，虚心向对方请教。现在的你就是重新学习的阶段，他们都是你的老师，切忌自满、自傲。"

听了表哥的一番话，王凯顿然醒悟，对自己一周以来的行为感动非常悔恨。

次日早上，王凯早早地来到了公司，看着被打回来的策划案，王凯非常忧愁，他想请教别人，但是还是有点儿放不下架子，于是一直苦闷地坐着。这时，同事李霖来了，恰巧看到愁眉苦脸的王凯，李霖拍了一下王凯的肩膀，说："怎么了？什么事儿这么愁眉苦脸的？"正好，王凯就趁机会将自己的难处告诉了李霖。李霖笑着对王凯说："你去找郑阳帮帮忙，他是公司的策划高手，他的策划案很受经理青睐，你去向他请教，他一定很愿意帮助你的。"

有了李霖的提醒，他感觉轻松了很多，于是等到郑阳空闲的时间，便走过去向他打招呼，就自己遇到的问题请教了他，郑阳认真地看了王凯的策划案，很中肯地提出了一些修改意见，并告诉他做策划案的一个"捷径"："经理自己就是策划出身，每次沟通时不妨征求他的建议，仔细聆听他的意见，你会学到很多东西，很快就会成长起来。"

果然，按照郑阳的建议修改的策划案顺利地通过了经理的审核，同时，王凯也学会了有针对性地与经理沟通，受益匪浅。

此后，在工作的过程中，王凯发现自己身边的同事个个都"身怀绝

技"，每每遇到难题时，只要肯开口，总能从同事那里得到中肯的建议。

后来，王凯越来越喜欢现在的工作，心情也越来越好。

一个骄傲自大、自以为是的人是无法接受低下头去请教别人的，同样，这样的人也是不会受到他人认可的。生活中，人们总认为请教他人就是承认不如别人，而这是很没面子的事情，因此往往与真理失之交臂。虚心请教他人是给了别人面子，得到满足的他同样也会给我们面子并且乐于传授经验。既得面子又得知识的事情，何乐而不为呢！所以说，放下你的自负情绪吧，用宽大的心去接纳更多，学习更多，这定是一件值得高兴的美事！

著名的美国思想家爱默生曾说过："一个聪明的人能拜一切人为师。"学无止境，每人都有值得学习的地方，我们要学会放低姿态，多向他人请教，这样才能获取更多的本领，成为一个更有能力的人。

1. 放低自己的身段

人无高低贵贱之分，不论是做学问还是为人处世，都可谓是"术业有专攻"，没有谁高于谁。即便你身份地位优于他人，那也不代表你事事处于上风。所以放低姿态，多去请教，你懂得的和学到的才会更多。

2. 记得人各有所长的道理

不要因为别人在某一方面不如自己，就加以轻视别人。须知，人各有所长，虚心可以使我们取他人之长补自己之短。如此一来，我们才能随时随地地严格要求自己，夯实自己，才能在虚心求教中不断得到进步。

3. 人生处处是新的起点

孤芳自赏，恃才傲物，只会让自己失去很多学习的机会。处在一个新环境中，不管你曾经在学校里得了多少奖励，不管你在以前的人生经历里是多么的优秀，不管你曾经有多大的能耐，你都要学会放下，向前看，因为一切都要从零开始。

心理悄悄话

学习能力是一个人一生都不能放下的能力，如果你满足于现在，不甘心去继续学习丰富自己，那你的思维就会被禁锢，一步步走向倒退，最终被新知识、新观念所淘汰。

第 13 章
倾吐心中闷气：排出毒素让身心都轻松

一味压抑自己情绪，一味笑脸相迎，一味说"我没事"，一味忍辱负重……慢慢地，自己就这样压抑着，所有的喜怒哀乐都自己默默承受，久而久之，可能会带来像高压锅爆炸那样的危险，做出令人无法置信的事情来。所以，避免情绪恶化，请懂得合理宣泄情绪。如果你不加以注意，那你体内的毒素就会变得一发不可收拾，你的情绪也就越来越低落、沉闷。那么，我们该如何做才能把体内的闷气倾倒出来呢？本章将为大家进行详细讲解。

会宣泄，坏情绪才会被甩远

很多时候，面对不公正的事情我们会暴跳如雷，满心愤恨，其实，此时，我们自己的身心已然受到了危害。怒气满心，就会让自己情绪更不稳定，进而神情恍惚不安。在这种精神状态下，不仅工作、学习的效率大大降低，还有可能出现差错和事故。

陈蓉蓉是一个"90后"的女孩，从小被父母视为掌上明珠，在家长的细心呵护下长大。走入社会后，蓉蓉感到压力无处不在：工作的繁重、同事间的矛盾、上司的责备……顿时，陈蓉蓉脆弱的内心再也防备不住层层"巨浪"的侵袭，变得脆弱无力。

每天，陈蓉蓉都无精打采地回到家，她一句话也不说，只是静静地将自己关在卧室里。曾经那个活泼、开朗的阳光女孩不见了，取而代之的是闷闷不乐、愁眉苦脸、唉声叹气。陈蓉蓉的父母看到这种情况，十分着急，他们试图开导女儿，但是却被女儿冷冷地拒绝在心房之外。

为了尽快帮女儿摆脱困境，陈蓉蓉的妈妈为她联系了一位心理医生。心理医生通过与陈蓉蓉的交流，发现这个女孩的内心正处于崩溃的边缘，而且不断累积的负面情绪随时都可能把陈蓉蓉推进万劫不复的深渊。

心理医生并没有给陈蓉蓉开出任何药剂，而是建议她每天进行一个小时的锻炼。尽管陈蓉蓉对这个治疗方案抱有怀疑的态度，但是她依然做了。仅仅一个月的时间，笑容又回到了陈蓉蓉的脸上，陈蓉蓉突然觉得，任何问题都是可以解决的，而那些所谓的压力也都是自己强加在自己身上的。

看到女儿的变化，陈蓉蓉的父母高兴得合不拢嘴，连连称赞心理医生

"医术高超"。

听到陈蓉蓉父母的称赞，心理医生谦虚地笑了笑，说道："并非我的医术高明，而是这种情绪宣泄方法的实用性相当强。"

情绪不能在心里憋得太久，否则对身体不利，因此我们要学会宣泄。但要注意一点，就是自己在宣泄情绪的时候，不能给周围的人带来影响。比如，说我们不高兴的时候可以做做运动、听听音乐，和朋友聊聊天，只要有助于自己的情绪好转，又不影响他人，就可以尝试。

当你懂得合理宣泄自身情绪的时候，你的人生才会变得更加豁达明亮。每个人都有情绪，每个人都应找到适合自己的发泄方式，但是有一点需注意，你宣泄的途径不能超越法律和道德的围墙，而应该在恰当的时间、恰当的地点去宣泄。不要让不良情绪主宰自己，不要成为情绪的奴隶，任其摆布。

1. 多去参加一些集体活动

如郊游、植树、讲座、大学生社团活动等。在集体活动中发挥自己的专长，增加人际交往的机会，和谐的人际关系会使人获得更多的心理支持，缓解紧张和焦虑的情绪。学会发泄焦虑和压抑，我们的心理才会变得轻松。

2. 哭出自己的苦恼

哭不仅能降低负面情绪，还有利于身体健康。那些不哭或很少哭的人，他们的情绪得不到适当宣泄，往往会引发身体上的疾病。因此专家称，不哭无异于慢性自杀，而哭泣则会在一定程度上减轻病痛，有利于病情恢复。

3. 保证充足的睡眠

充足的有规律的睡眠，可以使你精神饱满，容光焕发，从而产生自信。有时工作很紧张，压力很大，效率很低的时候，别着急，放下一切，先好好地睡一觉。俗话说：磨刀不误砍柴工，说的就是这个道理。

4. 不要伤害到他人

的确，面对生活和工作中的巨大压力，消极和痛苦的情绪在所难免。当你感到极端厌倦、压抑时，总是要发泄的。适当地发泄一下内心的积郁，使不快的情绪彻底排解，是一种获得心理平衡的好方法。但是，一定不要把自

己的情绪发泄到别人身上。如果你牵扯他人，不仅会影响到你的人际关系，还会给自己造成更多的苦恼。

5. 调整自己的呼吸

经专家研究发现，郁闷时叹气，呼出的气里含有剧毒，把这些气收集在一起，足以让一只成年小白鼠毙命。当自己觉得很不开心的时候，闭上眼睛，深吸气，然后把气慢慢全放出来；再深吸气……如此持续几个循环，你会发现随着自己呼吸变得平稳，整个人也平静下来了。

心理悄悄话

总之，在漫长的人生旅程中，我们会遇到各种各样的挫折，无论是爱情上、学习上还是工作上的，只要我们懂得适时地宣泄自己的情绪，不要将负面的"垃圾"堆积在心里，我们就会拥有健康的心灵，最终获得幸福的资本。

找个朋友，倾倒内心的苦水

雯雯两年前丢失了工作，那是一段灰色的岁月：在那期间，粗线条的丈夫阿凯一点儿也不懂得体贴安慰，每当雯雯诉说内心的苦闷时，阿凯总会说："我每天那么辛苦地在外养家，回了家还要听你唠叨！"

对生活的担忧、对阿凯的不满让雯雯越发消沉，幸好她有一个要好的朋友敏杰。两人原是同事，因为投缘认了姐妹。每当雯雯心情郁闷无人诉说的时候，她就会和自己的这位好姐妹絮叨絮叨，而敏杰总是真诚地安慰和鼓励雯雯。

敏杰对她说："我们要学会独立，不能靠男人养，自强的女人更有尊严，更能站住地位，生活也会更幸福。"后来在敏杰的鼓励之下，雯雯开了一个经营早餐的小店，每天起早贪黑地卖早点。虽然辛苦，但是雯雯又有了生活的希望，心情也好了起来。

现实生活中，不顺心的事随处都有。可能刚刚挨了老板的批评，或许跟

爱人又吵了架，这些都让你很不爽。有些人不愿意对朋友讲，还有一些人是想说但找不到朋友，于是，精神上的毒素就会越积越多，慢慢地，就开始厌恶自己，而后厌恶人生，这就是不与人倾诉所导致的后遗症。所以，及时排除内心的垃圾，对一个人的身心极为重要。

　　一天夜里，张进从他居住的那座小城给老同学陈皓打电话。听到电话里张进朗朗的笑声，陈皓回想起半年前那个风大雨急的夜晚。

　　张进是陈皓的中学同窗，几分之差，与高等学府失之交臂；结婚短短两年时间，爱妻便身患绝症撒手人寰；紧接着，单位裁员，张进又失业了……

　　一个冬夜，张进把泡好烈性鼠药的杯子放在桌子上，在准备告别人世前，突然想起要给同窗好友作一番临终诀别。得知张进在放下电话后就要自绝，陈皓紧张得手足无措。

　　强忍着恐惧与紧张，陈皓听张进侃侃而谈。张进从昔日读书时的友情，说到步入生活后的艰辛，再说到如今面临的生活困境……倾诉到泣不成声。陈皓除了"嗯、喂"回声，就是用心倾听。最后，张进颇为动情地对陈皓说："我不小心将那杯鼠药打翻了，看来我得另找别的方式了……"让陈皓不敢相信的是，短短的一次倾诉，竟让一个人对生死做出了重新选择，张进像换了一个人似的，真是让人不可思议！

　　倾诉是减压的良方。当一个人将琐碎的生活片断用语言串联起来的时候，就是在仔细地梳理自己的内心世界。种种因为压力而产生的狂躁、消极的情绪都可以通过这种方式得到宣泄和释放，人的心情也会慢慢地恢复平静。

　　如果一个人能说出自己内心的压抑，那么他就很难产生心理上的问题。心理学家发现，人们心灵上的创伤以及由此引起的幻觉、梦魇、焦虑、攻击和抑郁等，都可以借着对朋友、家人、心理咨询师的倾诉而减轻，甚至彻底消失。

　　相信朋友，并向他们倾诉内心的烦恼，心情会顿时舒畅。倾诉不等于抱怨，抱怨是指责和埋怨他人，而倾诉则是要排解一种抑郁。其实眼泪也是一种心理倾诉，男儿有泪不轻弹，这句话在当今社会已遭到质疑，因为把心里

的一些委屈和毒素排放出来，心灵就会有更大的空间。

那么，我们该如何倾诉，维持内心的健康呢？

1. 结交几个贴心的好友

当你不小心把手割伤了，你一定会寻找创可贴之类的药物，而同样，当我们遇到不开心的事时，我们也会不由自主地寻找可以为我们打气的人。也就是说，我们只有拥有几个可以掏心掏肺的知己，才能在需要他们时，让他们挺身而出。

2. 不要唠叨个没完没了

我们不能在倾诉婚姻的时候，再牵涉工作生活，这样不仅会让我们的倾诉变得啰唆，还会让听的人理不清头绪，弄得一头雾水，这不仅不能帮我们找到有效的解决方法，或许还不能得到正确的安慰，所以我们在倾诉我们的心事时，切忌啰唆，切忌扯得太远。

3. 必要时对自己倾诉

如果人们一时找不到倾诉的对象，也不妨尝试着对自己说话。说出声来，尽情地自语。这种内心独白同样能够达到放松身心的目的。假如在自己面前的是一棵大树或者一块石头、一尊塑像，自己不妨面对这些无知觉的物体发一通感慨，倾吐出自己内心的不快。

心理悄悄话

倾诉，会让你感到轻松，因为你终于倾吐了所有的不快，此刻的你会觉得压在身上的大山一下子被搬走了，你自由了、解放了。倾诉会带给人一种平和的心态，一种淡泊的境界，一种感恩的生活态度。懂得倾诉，才能更好地控制自己的情绪。

你知道吗，好心情可以装出来

当你心情郁闷，感到喘不过气般难受时，聪明的你应该选择释放，而不

是压制，想要喊一声那就喊出来，想要跺跺脚那就跺跺脚，想要抱头痛哭那就哭一场，任其发泄几分钟，但要设定好自我放纵的界限。当你内心的苦闷释放出来后，你的心情会变得好起来。

其实，在我们感到情绪低落时，装出好心情是放松身心、从消极转向积极的最有效的方法。我们可能会通过"装"的扮演过程获得真实的好心情。最终，原本只是装出来的好心情会变成真实的感受，从而让我们在不如意的时候较为快乐，遇到困境时也较有自信和意志力。

丹丹今年刚25岁，但是在她身上看不出属于年轻人的青春活力，反而是眉头紧锁，声音低沉，一副萎靡不振的样子。这种状态持续了好几天，这天，丹丹和一位在公司大厦做保安的师傅一起乘坐电梯，师傅看了丹丹几眼说："闺女啊，你怎么总是愁眉苦脸的，是有什么不顺心的事吗？"丹丹敷衍地说："啊，叔叔，我没什么，心情不好而已。"

师傅哈哈大笑起来，说："我以为是什么大问题，我来教你一个办法，保证你以后心情很好。以后不管你遇到什么难事，你都告诉自己，我很开心，哪怕是不开心，你也要装作开心，然后没一会儿，你的心情就会在自己的主动带动下变得开心起来。"丹丹将信将疑地看着师傅。

丹丹下班回家，想要好好休息一下，谁知道她表弟把她的房间弄得乱七八糟，甚至弄洒了她最喜欢的香水，她刚要发火就想起电梯里师傅教她的办法，于是她默默地对自己说："没什么，我要保持好情绪，我很开心，眼前的这一切都是小事而已！"刚开始的时候丹丹觉得很奇怪，自己就像个神经病。但是这么一想，自己似乎也真没那么生气了，反而觉得舒服了点儿。从那以后，只要有什么不开心的事，她就会让自己假装很开心。后来她终于明白了，一个人的好心情取决于最初的情绪选择，所以哪怕心情不好的时候假装一下好心情，也会弄假成真，与好心情结缘。

丹丹之所以能够摆脱萎靡不振的生活，并拥有好心情，最关键的一点就是她学会了"装"出好心情。无论是在工作中，还是在生活中，假如我们能够学会"装"出好心情，我们就可以真的拥有好心情。

能够让自己获得快乐的心情是一种能力，同样地，一个能让自己在不快

乐时依然保持微笑的人，是生活的智者。很多人都喜欢阿庆嫂，却很少有人喜欢祥林嫂，这就是因为，生活需要一种阳光的心态。生活不可能永远波澜不惊，但只要我们懂得调整自己的心情，就会让自己快乐如初。

当心情不佳时，要学会控制坏情绪，装出自己的好心情。只要装出一份好心情，就能让自己保持快乐、积极的情绪，就能让自己的心情真正好起来。那么，我们该如何做呢？

1. 假笑疗法

生气时，可以找一面镜子，然后对着镜子努力挤出笑容来，持续几分钟之后，你的心情果真会变得好起来。这种方法叫作"假笑疗法"。实验证明，假笑能触动体内横隔膜，具有很好的热身效应。假笑时，体内横隔膜会将假笑引发成真笑。不知不觉中，你就会由衷地发出笑声了。

2. 转变角度思考问题

很多坏心情都是钻牛角尖形成的，在自己心情不好的时候，时常用这样的话提醒自己：世界上并不是每个人都很顺利，跌跌撞撞才是人生。千万不能觉得自己很倒霉，越想越气，心情也会越来越糟糕。

3. 回忆愉快的事情

当我们确实很烦恼的时候，不妨回忆一些愉快的事情，尽量多想快乐的事情，用回忆的美好装满自己的内心，让美好的回忆荡漾在我们的心中，溢到我们的脸上，就能"装"出好心情。

4. 想象美好未来

未来是未知的，我们把控不了，也预知不了，与其充满担忧，为何不往好处想呢？我们可以把它幻想得美好而充满希望，让自己心怀向往，这样才能让心情更美好，让前进的脚步更有动力。

心理悄悄话

很多时候，一个人一旦心情糟到一定程度，他就变得郁郁寡欢，甚至把自己封闭起来，其实，这样对身心极为不利，我们要尽量说服自己走出这个困境。先给自己一个微笑，而后一个鼓励，再来一个深呼吸，慢慢地，你就

会把好心情由"装"变得真实起来。

在旅行中放飞自已的心情

朝九晚五，每天的生活就是重复，某些时候你是不是感到生活没有动力，没有趣味，开始思考人生？几个月的时间就想着跳槽，想着重新开始，一开始乐于奋斗的职业是不是已然渐渐步入瓶颈？很多人都有这样的状况：

浑身乏力，没有斗志，工作起来劲儿头全无；

感觉自己免疫力下降，伤风感冒成为家常便饭，颈肩或腰臂部位会无故作痛；

皮肤不好，眼睛感觉格外疲惫；

情绪越发糟糕，容易多想且极易烦躁；

总想自己静静地待在某处，想去完全陌生的环境或换一份其他工作。

其实，对于生活中的疲惫，对于情绪的压抑，我们可以用旅行来解决。旅行是一个人减压的好方法，你要想快乐，最主要的就是减少压力。压力少的生活，才是健康美好的生活！

陈晓今年29岁，在某家杂志社做编辑，她每年都会给自己休一个月的长假，去各处旅行。工作的时候，她每天都是和文字打交道。邮箱里每天都会收到各种各样的稿件，良莠不齐，她都要一一审读；很多时候她还要为没有合适的稿件而发愁，要动员知名作者来写稿，之后就是不停地催稿；还有读者褒贬不一的来信，她都要一封一封地阅读，对于合理的有建设性的意见，还要提给老总，对于那些严厉批评的意见还要一一回复，并且解释清楚……

长时间的工作压力，使陈晓感到疲惫不堪。于是，她每年都会请一个月的长假，出去走走，在旅行中忘掉这些烦恼。前些日子，陈晓去了漓江，在湖光山色中，头脑里想的就是怎样让自己放松，还有今天去哪里玩、明天去哪里玩……游玩儿后，把烦恼抛下，把快乐带走。

如果没有旅行，没有这一段时间的调整，或许陈晓的生活就会变得越来

越疲惫，工作热情也不会太高。其实，生活中，我们也应该给自己安排一段时间去旅行，放松一下身心，否则，坏情绪发泄不出来，繁重的压力会让我们越来越厌倦生活。

旅行是一个喘息的空间，一个人生的驿站。生活太疲惫了，许多问题纠缠在一起，理不清头绪。你必须走开，那么旅行就成为一个很好的脱逃借口。从复杂的人际关系、沉重的工作，甚至最亲密的家人朋友当中，解脱出来，给自己一个喘口气的机会。走一走，转一转，心情放松了，你才能更好地投入到工作中。

有句话说得好，"身体和灵魂总有一个要在路上"。是啊，有人喜欢读书，在书中畅游感悟，有人喜欢旅行，在途中释放自己。不论现实的压力有多大，我们总要去学会为自己的负面情绪寻找一个出口。不要压抑自己，在途中抛却忧郁，让烦恼随行程的前进而消逝吧。

1. 登山

登山的过程是一个不断征服的过程，当我们跨过一个个山头，就会发现呈现在自己面前的是另外一片风景，我们的眼界也逐渐开阔起来。同时，爬山还有另外一个好处，那就是锻炼身体。

2. 看海

大海是一个充满神秘和诱惑的地方，在海边，人的心门被海浪打开，心胸就会变得特别开阔，怪不得，汪国真曾深情地说"瞧，人类有多贪心，来一趟海边却想捎走一个大海，可谁不是期望自己的视野里，总是满目葱茏一脉青黛。"

3. 野营

野营，即野外露营、野炊，这是一种锻炼生活技能的很好的方法，并且，在相互合作的过程中，人与人之间的关系也会变得亲密起来。而除此之外，还有另外一种活动——露营，这是种休闲活动，通常露营者携带帐篷，离开城市在野外露营，度过一个或者多个夜晚。

4. 垂钓

如果你觉得时间不充盈，那你可以选择通过钓鱼的方式来缓解压力。你

可以去附近的鱼塘或者是小河等地方，带上你的用具，开启一段短距离的小旅行，然后驻足，垂钓，愉悦身心。钓鱼是一项理想的休闲活动，这种活动既有动的一面，又有静的一面，可以说是动中有静，静中有动。在垂钓中，可以培养耐心，戒除焦躁情绪，使人进入心平气和的状态，使大脑和身体的各部分都得到休息，从而有利于健康。

))) 心理悄悄话

对于生活在职场中的精英人士，因为工作压力太大，容易对生活产生厌恶，这时候就需要给自己减减压，让心灵得到解脱。出去旅行可以陶冶性情，放松疲惫的身躯，减少焦虑，是一个非常不错的缓解心理压力的方式。

运动起来，甩开一身的疲惫

生活隐藏着很多小压力，比如，家庭小吵小闹、厌恶工作、挤公交地铁、无人理解、他人误会，等等，不要小看它们，慢慢累积起来就会造成慢性疲劳。压力能引起很多疾病，比如高血压、心脏病、抑郁症等。而很多心理疾病及生活中的负面情绪也是因为繁重的压力而产生的。那么，我们该如何消灭生活中的负面情绪，给情绪排排毒呢？其实，运动就是一个非常不错的选择。

大学毕业之后，林强在一家互联网公司做编程。由于每天都在敲代码、处理数据，林强经常会觉得头昏脑胀，心里紧张焦虑，慢慢地心里产生了压力！

林强每天都觉得很烦闷，于是就在论坛上发表了自己的抱怨，希望得到大家的安慰和理解！可是事情并不是他想象的那样，随着他的抱怨，论坛里越来越多的人也开始抱怨，这不但没有帮助他，反而让他心里更加郁闷！

一次偶然的机会，林强遇到了自己的老同学阿伦，在得知他的困惑之后，阿伦哈哈大笑说："按照我说的做，绝对会让你轻松很多，不信你就试

试！那就是多运动，多参加体育锻炼，在运动中忘掉烦恼，缓解心中的压力！"后来，一有机会林强就和朋友们跑步、划船、游泳、登山，等等，慢慢地他感到，虽然有时大汗淋漓，但心里畅快多了！后来在林强的带动下，他身边的人都慢慢地喜欢上了运动，从此，公司里不再是死气沉沉，也没有了烦恼和抱怨，心中的压力少了很多，工作效率也提高了！

生命在于运动，尤其是在大都市，生活节奏紧张，竞争激烈，人们整天忙碌于工作、学习、人际交往、家庭事务之中，并且交通工具发达，高楼林立，出门有汽车、地铁、轻轨，上楼有电梯，以交通工具代替走路，以电梯代替上楼的现象已很普遍，很多人就忽略了运动对健康的重要性。

感到郁闷时，不要把自己单独关起来，也不要去做无聊的举动伤害自己，只要我们还不至于要靠吃药缓解，那么就可以挽救自己的心情，我们可以通过运动，不管是什么运动，激烈的也好、缓和的也好，来驱除郁闷。

所以，你烦闷吗？那就运动吧；你痛苦吗？那就运动吧；你压抑吗？那就运动吧；你想缓解一下此刻的糟糕心情，释放一下自己吗？那就运动吧！运动方式有很多，你可以根据自己的喜好随意挑选：

1. 散步或慢跑

散步或慢跑是一种强身健体的好方法，所以尽量保持一个玩耍的心态去对待，沿途看看风景，呼吸一下新鲜空气。不需要制定跑多少圈的目标，也不必去计算自己跑步的时间，适可而止地跑一跑，你会获得前所未有的轻松感。

2. 健身房健身

健身房是一个运动气氛很浓的地方，如果你没有自制力，不妨选择去健身房锻炼锻炼，在健身的同时，你也可以跟大家一起聊聊天，谈谈心得。其实，你不仅能够在锻炼身体中把体内的坏情绪给释放掉，还能在与朋友的交流中得到良好的倾诉。

3. 游泳

游泳的好处不仅仅是强身健体，从水中看世界，也是不错的体验，你会看见水中的世界如此清明透亮。把自己想象成一条美人鱼，在水中畅游，

就算不大会游泳，也可以在水浅的地方戏水，浸在水中，感受水流温柔地流动，看看平静的水面因游泳的人而激起的涟漪。

4.打打球

篮球、排球、羽毛球、乒乓球、足球……球类运动数不胜数，相信总有一个是你喜欢的。如果你感觉生活烦闷，心情压抑，不妨跟朋友去打打球，释放汗水的过程也是排除压抑的过程，相信一番热闹之后，你的压力就会被释放很多。

心理悄悄话

运动，让你的身体更加强壮，让你的心灵更加轻松。当你心烦意乱、心情压抑时，适度运动可带来好心情。虽然运动对于人排解不良情绪有益，但应该把握适当的度，否则会对大脑机能造成损害。并且，你要选择自己喜欢的运动，这样才能持之以恒地练下去。

原谅他人，也就解脱了自己

王嘉嘉和谭笑在同一所幼儿园教学，都是年轻人，关系很不错，平时她们互相学习，互相帮助，就像姐妹一样亲密。今年5月份，学校要提拔一名优秀的老师作为干部培养，经过重重考核和筛选，王嘉嘉和谭笑成为了最后候选人。王嘉嘉为了获得这个提升机会，有意无意地在领导面前指出谭笑的缺点和不足，让谭笑备受伤害。但是，最后谭笑得到了提升，王嘉嘉落选。无独有偶，王嘉嘉分到了谭笑的小组，谭笑不能原谅王嘉嘉的伤害，处处为难王嘉嘉不说，就算王嘉嘉诚恳地向她道歉，她也不肯接受。最后王嘉嘉只好辞职离开了这家幼儿园，小组的其他老师不明其中原因，纷纷申请调换小组，谭笑的工作业绩可想而知了，上任不到三个月就降职了。

在生活中我们会遇到很多不顺心的事，也会遇到很多不同道的人，如果不学会原谅，就会让自己过得很纠结，活得很累。学会原谅，是一种风度，

一种心态；学会原谅就好比给人际关系涂上一层润滑剂一样，能让我们在与人相处时更自在；学会原谅，还能体现一个人的优雅。

梁洛洛和陈翔相爱了，两人都曾经怀着对纯真爱情的美好憧憬。陈翔曾信誓旦旦地对梁洛洛说，这辈子非她不娶，梁洛洛感动得泪流满面。

后来，因为家庭的种种阻挠，陈翔在无奈之下和另外一个女孩结婚了。梁洛洛听到这个消息时，感觉自己的心都要碎了，万念俱灰。她想以死来了却此生。然而，正当梁洛洛准备吞上安眠药的时候，她的脑海中突然跳出一个念头：我死了，那不就便宜他了吗？他也太省心了吧？我要活下去，一生不嫁，并报复他，折磨他，让他愧疚一生，不安一生，痛苦一生。

这期间，梁洛洛几乎每天都要到陈翔家的门前，她并不做什么，只是不停地去打扰陈翔的妻子以及他的孩子。当陈翔主动和她搭话，一次次地尝试向她道歉的时候，她却置之不理。梁洛洛能感受到陈翔内心所遭受的良心谴责，但看看自己孤灯清影的寂寞，她就觉得这一切都是他造成的，他必须要付出代价，因此她坚持自己的报复。

就这样，梁洛洛每天都在痛苦中度过，终于最后她得了抑郁症，抑郁而终。悲哀的是，直到生命的最后一刻，梁洛洛也没感受到报复带给她的任何快感，反而感觉自己的生命太过苍白。梁洛洛不断地回味、咀嚼着自己的过往人生，她发现自己从来没有一天真正快乐过。在这段时间中，她的冰冷让所有的朋友都远离了她，她从来没有真正对周围的人笑过。就这样，她在怨恨中离开了大家。

有时候，善待他人，就是善待自己；原谅他人，就是原谅自己。当我们被他人伤害时，完全没有必要将自己绑在他人的过错上，用别人的错误来惩罚自己，更没有必要为了逞一时之气，报复他人或者伤害他人。那样只会让情况越来越糟，甚至毁掉许多人的幸福。如果因为他人的过错而赔上了自己的一生，那该是多么愚蠢和悲哀的一件事啊！

坏情绪是一个人心中的重负，就像是身上背着个大石头，随着坏情绪的增多，身上的石块也会慢慢增加，自己就会变得疲惫不堪。如果你不肯原谅他人，不懂放下身上的石块，与其说你在折磨他人，不如说你折磨的是你自

己。所以说，想要活得轻松快乐，那就放下身上的重负吧，原谅别人也就解脱了自己，何必苦苦难为自己呢？

1. 不要过度苛求别人

"水至清则无鱼，人至察则无徒"，对别人过于苛求，往往使自己跟别人合不来。社会是由各式各样的人组成的，有讲道理的，也有不讲道理的；有懂事多的，也有懂事少的；有修养深的，也有修养浅的，不能要求别人讲话办事都符合自己的标准和要求。

2. 度量有多大，福气就有多大

"人的度量有多大，福气就有多大。"度量，说白了就是宽容的程度。一个人的度量决定着他做人做事的风格，决定着他与朋友交往的方式。人与人之间的交往，是靠一颗宽容的心维持的，不懂得宽容的人是孤独寂寞的，更是得不到他人信任的。

3. 别太在意小利益

很多时候，人们的矛盾源于利益的冲突。那些"伤害"别人和感觉被人"伤害"的人，大都是因为太在意自己的利益。如果我们能做到不计小利，那么就可以避免和别人起冲突，即使起了冲突，也能以平静的心态面对，能够宽容别人，让事情得到圆满的解决。

心理悄悄话

生活中有很多小事都是这样。"忍一时风平浪静，退一步海阔天空。"原谅他人，不代表丢了自己的脸，也不是没有屈辱感，而是体现了自己的度量和气魄，以及敢于面对过往的精神。如果积怨过多，你给我使个绊子，我就给你下个圈套，冤冤相报，又何时才能了呢？

第 14 章
蔑视生活的难：简单生活可以苦中作乐

人生总是迂回曲折的，随着我们的成长，还会遭遇更多的挫折，这就是人生的现实。在这些人生的转折关头，应该如何去看待，进而如何去应对这些挫折就全看你自己了。你可以把它当作一种"挑战"；或者，你也可以像大多数人一样，把它当成时运不济、危机、灾难……如何应对生活中的难？你的做法将决定你的人生方向，也将决定你当下及往后的心情。朋友们，如果你勇于打败挫折，那等待你的将会是无限美好。

忍得住痛苦，才能活出精彩

有一天，毛毛虫问蝴蝶："我要怎样才能变成一只蝴蝶？"

"要成为蝴蝶，首先要有飞行的渴望，其次要有勇气冲出束缚你的安全、温暖的茧。"

"那不就是死亡吗？"

"表面看是死亡，实际上是新生。在现实生活中，这就是差别。有的成为蝴蝶，有的因逃避而死亡。"

没有经历过风雨折磨的禾苗永远结不出饱满的果实，没有经历过挫折的雄鹰永远不能高飞，没有经历过磨难的士兵永远当上不元帅……是的，一切事物如果要想变得更为坚强，就必须经历一些不幸和困境，我们人也同样如此。

有一年上帝看见农夫种的麦子获得了大丰收，感到很开心，就向农夫祝贺收成。农夫却对上帝说："上帝啊，这么多年来我每天都在祈祷，祈祷不要有风雨、冰雹，不要有干旱、虫灾。可无论我怎样祈祷您总不能让我如愿。这是为什么呢？"农夫突然匍匐在地上，吻着上帝的脚说："全能的主呀！您可不可以明年允诺我的请求，只要一年的时间，没有大风雨、没有烈日干旱和虫灾？"上帝看农夫这样乞求，摇摇头说："好吧，明年一定会如你所愿。"

第二年，果然没有狂风暴雨、烈日干旱和虫灾，农夫田里的麦子也结了许多麦穗，比往年几乎多了一倍，农夫十分激动兴奋。可等到秋天的时候，农夫惊讶地发现田里的麦穗竟全是瘪瘪的，没有什么好麦粒，收成居然还没有往年收成的一半多。农夫含着眼泪问上帝："主呀，这究竟是怎么回事啊？"上帝告诉他："因为你的麦穗避开了所有的考验，才变成这样。"

没有痛苦的考验，就没有最终的收获。很多时候，磨难对于一个人的成长来说非常重要，所谓"不经历风雨怎能见彩虹"就是这个道理。

如果你现在还在遭受这样那样的折磨，你就该庆幸，因为命运给了你战胜自我、升华自我的机会。换一种眼光来看待这些折磨吧，感谢那些在工作和生活上折磨你的人，你就会获得幸福。唯有以这种态度面对人生，才能获得真正的成功。

谁也无法避免悲剧的发生，比如，我们遭遇了疾病、意外，失去了健康、失去了财产等，这都会让我们自责、后悔、抱怨，甚至在痛苦中纠缠不休。当我们无法接受痛苦的时候，痛苦就像是紧箍咒，越痛越紧，越紧越痛。

痛苦可以锤炼出锋利之剑，痛苦可以完善生命，痛苦可以让卓越者更加卓越。与其说痛苦是敌人，还不如说它是朋友，让你坚韧，让你清醒，让你从无知走向博学。痛苦是最为回味无穷的一剂良药，它治愈了拖延、懒惰、恐惧、虚伪和邪恶……这需要内心深刻的反省。

对于苦痛，一味的逃避是无用的，而你要做的就是敢于面对。因为有它，你的人生才充满各种可能；因为有它，你才能被磨炼得更为强大。学会迎接痛苦、面对痛苦、化解痛苦，将痛苦转化成支撑人生的脊梁。

1. 敢于正视困难

我们会遇到各种各样的不幸，但是，一定要学会如何去战胜困难，去享受这份痛苦的价值。其实，有很多伟人都是在穷苦家庭出生，并且在生活中经历了种种磨难，最后才成就了自己的伟业。苦难是人生成长的一个必经过程，一定要正视苦难。

2. 微微一笑是一剂处事良方

有人说，处世的方法就是"微微一笑"；而想要活得幸福、活得健康、活得快乐，最好的方法就是"笑"。笑，是日常生活的安全阀，它可以减轻或除去有损健康的不良情绪；它让我们怀有与人为善之心；它让我们拥有幻想和松弛，在沉重的压力下得到休息……

3. 保持一份淡泊的心境

这个世界上有多少诱惑，就有多少欲望。一个人要想以清醒的心智和从容的步履走过岁月，他的精神中就必定不能缺少淡泊。淡泊是一种境界，更

是人生的一种追求。虽然我们每个人都渴望成功，但我们更需要的是一种平平淡淡的生活，一份实实在在的成功。

心理悄悄话

想要活得精彩，你就要做好时刻与困难做战斗的准备。经历过风雨的人生更值得骄傲，成就感也就越大。早一些懂得挫折和痛苦是人生的正常际遇，当痛苦和挫折到来时，才不会措手不及。这样，我们便会早一些坚强起来、成熟起来，以后的人生便会少一些悲哀气氛。

挫折，带给你的是无尽的砥砺

下面是林肯进驻白宫前的简历：

1816年，家人被赶出了居住的地方，他必须工作以抚养他们；

1818年，母亲去世；

1831年，经商失败；

1832年，竞选州议员但落选；

1832年，工作也丢了，想就读法学院，但进不去；

1833年，向朋友借钱经商，但年底就破产了，接下来，他花了16年，才把债还清；

1834年，再次竞选州议员，赢了；

1835年，订婚后即将结婚时，未婚妻却死了，因此他的心也碎了；

1836年，精神完全崩溃，卧病在床6个月；

1838年，争取成为州议员的发言人但没有成功；

1840年，争取成为选举人，但失败；

1843年，参加国会大选，落选；

1846年，再次参加国会大选，这次当选，前往华盛顿特区，表现可圈可点；

1848年，寻求国会议员连任，失败；

1849年，想在自己的州内担任土地局长的工作，被拒绝；

1854年，竞选美国参议员，落选；

1856年，在共和党的全国代表大会上争取副总统的提名，得票不到100张；

1858年，再度竞选美国参议员，再度落败；

1860年，当选美国总统。

"此路艰辛而泥泞。我一只脚滑了一下，另一只脚也因而站不稳，但我缓口气，告诉自己：这不过是滑一跤，并不是死去而爬不起来。"林肯在竞选参议员落败后如是说。

朋友们，你说你经历的挫折太多，你说你的心情被经历的磨难扰乱，可是看完林肯总统的经历，你觉得你还应该为自己的那点小挫折而消沉吗？

要明白，真正能检验一个人能力和素质的便是挫折，看挫折能否唤起他更多的勇气；看挫折能否使他更加努力；看挫折能否使他发现新力量、挖掘潜力；看他经历挫折以后是更加坚强还是就此心灰意冷。

杨海燕和王钰是大学时的同学，她们俩的友谊很深，而且学习成绩都很优异。大学毕业后，她们各自找到了合适的工作。可没过几年，两人的情况却发生了很大的变化。杨海燕在职场上简直是春风得意，而王钰却面临着失业。

杨海燕毕业后，在一家公司担任销售。对她来说，这是一份很有挑战性的工作，杨海燕永远也忘不了第一次面对客户的场景。她走访了很多写字楼，被保安硬生生地拦住过无数回。可杨海燕并没有灰心，她知道这些对销售人员来说都是常有的事情，不能因为眼前的阻碍就放弃。她曾经在一个又一个的办公室里推销公司的产品，尽管那些办公室里的白领连看都不看她一眼就让她出去，她都奇迹般地坚持下来了。

无论是面对友善的客户还是凶恶的客户，杨海燕都能始终保持微笑，努力地博得别人的好感。她的努力没有白费，一年下来，因为工作表现突出，她就被提升为公司销售部经理。

而王钰的情况却不容乐观，她毕业后进入了一家外资企业，与杨海燕相比，她要幸运得多。一开始王钰对工作充满热情，希望能做出一番成就来证明自己的能力。但不幸的是，因为她的一次疏忽导致公司的利益受到损失，

上司对此很不满所以惩罚了她。此后王钰就变得消极怠工、郁郁寡欢起来。她觉得自己运气不好，那么多人不犯错偏偏自己犯了错。在挫折面前，王钰并没有积极进取努力弥补自己的损失，反而是破罐子破摔，自己否定了自己。

因为这种悲观情绪，王钰对工作总是心不在焉，上司交代的事情总是马马虎虎对付过去，一天到晚无精打采。上司看到王钰这样的表现，更加不信任她，对她也越来越不待见。

对比这两人的遭遇，在人生的不如意面前，杨海燕是坦然面对，鼓起勇气对工作负责到底，因而赢得了上司的赏识，终于守得云开见月明，成了销售部经理。而王钰却在挫折面前一蹶不振，结果状态越来越差，最终走到了失败的边缘。

挫折，是人类生命中无法避免的，悲观的人只能看见乌云密布，乐观的人却能看见成功的道路。不经历风雨怎么见彩虹，我们只有正视挫折，生命才能发光发热，你的人生舞台才能博得众人的喝彩！

生活中，无人愿意遭受不好的事情，这很正常，但是，生活并不是按照我们的想法来安排进展的，是好是坏，都需面对。与其唉声叹气，不如付出行动做点实事，努力去改变现状。当生活展露出它严酷的一面的时候，与其消极逃避、怨天尤人，不如积极地去面对，认真走好脚下的路，不空想、奢望未来，踏踏实实、认认真真地活在当下，以积极的心态面对挫折。

1. 保持乐观的心态

乐观是战胜挫折的催化剂。没有人可以不经历挫折而成功，也没有人能够保证成功之后不遭遇意外。我们无法改变挫折，但是我们可以改变对挫折的态度。这样挫折就有了正面价值。

2. 做一个懂得选择的人

生活就是这样，总想美好的事情，你就会找到快乐，走向成功；总想失意的事情，你就会走向失望的深渊。一定要记住，你有选择的力量。选择健康、快乐和幸福，你的潜意识就会接受，并使你成为这样的人；选择做一个健康、快乐、友善的人，整个世界就会跟着反应。

3. 带上百倍的信心一路相伴

办法远比困难多，我们要对自己充满信心，因为有信心才会有挑战的勇

气和力量。男孩们，或许你的成绩一直非常优秀，但是如果偶尔出现滑坡，你也不要自暴自弃，你要做的就是从中汲取教训，然后带着最饱满的斗志和信心迎接下一次的挑战。

心理悄悄话

宝剑锋从磨砺出，梅花香自苦寒来。没有人生下来就是成功的，成功来自一次次的磨炼与抗争，成功是在苦难中锻造出来的。真正地理解这些苦难的意义，才能敢于直面惨淡的逆境。逆境是上天赐予你的礼物，虽然外表可憎，但是金玉其内，不要拒绝，勇敢地接受它吧！

苦中作乐，修炼阳光好心态

笑是一种简单而又愉快的运动，幽默产生的时刻，也正是人的情绪处于坦然开放的时刻。幽默和健康是分不开的，例如"心中常有喜乐，身体常保健康"。古罗马人相信笑应该是属于餐桌上的，因为笑能促进消化。学会了苦中作乐，你就窥见了通向身心健康的门径。

祖逖（266—321年），字士稚，范阳遒县（今河北涞水）人，东晋初期著名的北伐将领。祖逖性格旷达，仗义疏财，乐善好施，胸怀坦荡、具有远大抱负，但是却不好读书。后来，进入青年时代的他终于意识到自己知识上的贫乏，深感不读书无以报效国家，于是就开始发奋读书。他广泛阅读书籍，认真学习，从中汲取了大量丰富的知识，学问大有长进。祖逖24岁时，曾有人推荐他去做官，他没有答应，而是仍然不懈地努力读书。

后来，祖逖并口幼时的好友刘琨一起担任司州主簿。他与刘琨两人的感情深厚，不仅常常同床而卧、同被而眠，而且还有着共同的远大理想：建功立业，威为国家的栋梁之才。

一次，半夜里祖逖在睡梦中听到公鸡的鸣叫声，他一脚把刘琨踢醒，对他说："你听见鸡叫了吗？"刘琨迷迷糊糊地说："半夜听见鸡叫不吉利的。"

祖逖说："我不这样想，咱们以后干脆听见鸡叫就起床练剑如何？"刘琨同意了。于是他们每天鸡叫后就起床练剑。春去冬来，寒来暑往，从不曾间断过。

功夫不负有心人，经过长期的刻苦学习和训练，他们终于成为能文能武的全才，既能写得一手好文章，又能带兵打胜仗。后来，祖逖被封为镇西将军，实现了他报效国家的愿望；刘琨做了征北中郎将，兼管并、冀、幽三州的军事，也充分发挥了他的文才武略。

人生没有绝对的苦乐，万事万物都是可以相互转化的，只要我们有快乐的内心，再大的苦也只是浮云掠过罢了。人生无绝对，想要人生变得广阔，就要多欢喜，多微笑，因为快乐才是人生不断向上的动力。

从苦难中找到快乐是一种灵魂洗礼般的人生考验。苦难既能折磨人也能锻炼人，我们要做的就是化苦难为人生的精神财富。能够苦中作乐的人会把苦难当成人生的一块垫脚石，能化腐朽为神奇。

如果无法拒绝苦难，那就承受下来；如果想远离灾难，那就要学会在苦难中抗争。而选择抗争苦难的最好方式，莫过于苦中作乐。因为，如果一个人在苦难中还能拥有幽默感，利用不利的因素为自己创造有利的条件，并把欢乐带给周围的人，那他还有什么战胜不了的呢？

1. 不要被自卑心所驱使

悲观的人说："蔷薇有刺。"而乐观的人则说："刺里有蔷薇。"自卑往往是忧愁的根源，一个快乐的人，并非完全没有自卑的时刻，但他能把握自卑，不轻易受它驱使，而且快乐的人懂得如何将自卑化为动力，从而使自己过上丰富多彩的生活。

2. 做一些让人心境平顺的运动

中华民族传统的气功、印度瑜伽等，已被心理学家、保健学家们从科学的角度进行研究，得到了"宁神除烦"的印证。潜心入静之时，人的生理机能处于有序状态，意念的引导和快语默诵，实际上起到了"心理反馈"的作用。

3. 在细节处愉悦身心

苦中作乐还表现在很多细节上，对着镜子练习一下微笑，少抱怨、多微笑是人们苦中作乐的不二法宝。天气晴朗的时候抬头看看湛蓝的天空，晚上

数一数天上的星星，一个人静静地享受寂寞。即便是种种辛苦难言之事，但是如果处理得法，也自有其可乐之处。

4. 面对苦楚，请从容面对

如果你能从容面对艰难困苦，那你就能在苦难中品味到真正的快乐。所谓"大乐苦中来"，不经一番寒彻骨，怎得梅花扑鼻香？乐是在苦的衬托下才得以存在的。真正的乐需要经过苦难的淬炼才能绽放光芒。面对苦时，不妨保留一份从容，耐心品尝苦中之甘。

心理悄悄话

有苦有甜，生活才会够味，才会多彩，你才能磨练出一个更加丰富的自己。用一种积极向上的心态去面对人生，迎接挑战，并努力打破一切烦恼、忧虑的屏障，就获得了成功的一半。

混日子的消极心理你需要摒弃

刘敏今年23岁，是一名刚刚毕业的大学生，毕业之后，她来到一家电器公司从事销售一职，这份工作是她从事的第一份工作。作为销售新人，刘敏的业绩还算不错。刘敏知道在经济危机的情况下工作机会难得，所以她不计较薪资的多少，甘愿奋战在销售第一线。

和很多老销售员比较，刘敏并不算经验最丰富的，但却当之无愧是心态最好的。她从来都是满腔热情地投入到每天的工作中，笑脸相迎每一位顾客。面对不同类型的顾客，刘敏总是能保持友好的态度，耐心地向她们推荐合适的产品。刘敏虽然才开始工作不到两个月，却已经有自己的回头客了。

很多资历较老的销售人员则完全是另外一种状态。虽然按时上班，但是却缺乏应有的"服务"意识，挣着微薄的固定工资，并不思考怎么提高收入，面对顾客很难主动，有的甚至对于询问的顾客都爱搭不理。店里的销售量虽有增长却不是他们的功劳，所以升迁也就没有他们的机会了。半年后，

刘敏被总部破格提升为店面督导，这对很多老销售员来说虽然是一个不小的打击，但是这样的结果却也都是他们自己"混"出来的。

不要觉得"混日子"轻松。要明白在工作中找到乐趣和做出成绩才能使自己在工作中真正变得轻松愉快。"混日子"不是长久之计。"混日子"其实是在欺骗你自己，等到某日你混不下去的时候，再后悔恐怕就来不及了。

早晨的闹铃响了好几遍，某服装公司的销售员王琦才从床上挣扎起来，他第一个感觉就是：痛苦的一天又开始了。王琦匆匆忙忙地赶往公司，早餐也顾不上吃。这样也只能是踩着点跨入公司大门，然后坐在会议室睡意朦胧地听经理布置工作。

开完公司的晨会。上午王琦需要去拜访潜在客户，拜访过程往往很不顺利，大多会遭到拒绝和冷遇。这样王琦的心情简直糟透了，有时候在上班的时间他还会去网吧散散心，然后在下午下班前回到公司后，胡乱地在工作报表上填上几笔凑合着交差。一天就这样结束了。

王琦平时从不好好去研究自己的产品和竞争对手的产品；从不反省自己一天做了些什么，有哪些经验、教训；从不认真去想一想顾客为什么会拒绝，或是在销售产品的过程中能为顾客提供什么样的服务；而是当一天和尚撞一天钟，混一天算一天。

四年来王琦的薪水从不见涨，时间就这样耗尽了。结果，王琦的生活就是"三个一工程"：一无所获，一事无成，一穷二白！

有一天，王琦终于忍不住向老板大诉苦水，说自己的薪水和新员工一模一样这不公平。老板对王琦说："你虽然在公司待了近四年，但你的工作经验却和只工作了一年的员工差不多，能力也只是新手的水平，所以只能拿这样的薪水了。"

很多人觉得，对于自己的行业，反正也没什么大的期待，能不能在这个公司长待还是回事呢，因此，对于工作何必太费心呢？于是他们养成了刚上班就开始等下班的情绪。而实际上，这种工作状态不仅不能够让自己的生活变得更轻松，反而会越混越烦。

认真工作，不要抱着混日子的思想，一定能取得进步，并因获得成就而感到幸福。有句话说得好："出来混，早晚要还的。"其实这句话也适用于

职场人士。如果你每天都混日子，那你迟早都会为你的这种工作方式付出代价的。所以，让我们抛弃"混日子"的思想吧，如果你纠正了心态，即便你的生活再艰难，你的积极和努力也会给你带来更多的充实和欢乐，你的心情也会越来越好，越发积极。

1. 清醒地看看时间的流逝

事实就是这样残酷！你每活完一天，你的生命就消逝一天，你每"混"一天，你就浪费了一天的生命！人们都习惯于往大处想问题，而忽视了事物的细节。细细想想，你就会恍然大悟：再也不能这样活了！我要过我自己想过的生活，追求自己的梦想，一生有所成就……

2. 做人做事要保持积极向上

一个积极向上的人是不会轻易堕落甚至混日子的，他们对待人生总是充满着正能量，总能寻找出生活的活力。所以，我们一定要认真地面对自己的人生，认真地面对自己的生命，那成功就在你的左右。只有用认真的心态去面对生命的每一分钟，才能活出自己的精彩，才能真正地让自己逐步走向成功。

3. 进行积极的心理暗示

其实，很多人也想结束混日子的状态，但是却因为习惯而无法自拔。其实，这并不是一个难题，每天多问自己几次："我的生活'混'到什么时候是个头？"千万不要小看这个问题，它能够让你心中的危机感加强，能够让你在某一天早上起床之后突然下定决心改变自己。

心理悄悄话

我们的生活可以愉悦自在，可以闲适洒脱，但是绝对不能够懒怠，不能漫不经心。当我们用无所谓的消极心理去面对生活时，我们的每一天就会变得无滋无味，日子就无声中被"混"没了。所以，我们应该有理想，做好人生的长远规划，不给自己"混"日子的理由，这样我们的人生之路定会铺满鲜花并充满掌声。

此路不通，请选择绕道行驶

行走在前进的道路上，出现一个个拦路虎并不是多么奇怪的事情，按照正常思路，我们往往不得其法。此时你是否对眼前的困难感到厌恶或哀伤呢？朋友们，与其消极苦闷，不如想点办法，冲破障碍。其实，看似堵死的路，都有另外的出口，只是看你是否懂得去寻找。现实生活中，高智商的人做事未必高效，不懂变通也会让他们的高智商无用武之地。所以面对此路不通的情况，我们可以另寻他路，也许会找到一个合适的方法。

《史记·滑稽列传》中记载了"优孟哭马"这样一个故事：

楚庄王很爱马，他给自己的马披上绸缎，还让他们吃枣泥，让马享受和大臣一样的待遇。这些马养尊处优，缺乏运动，结果一匹马因为吃得太肥死掉了，楚庄王伤心至极，他准备以大臣的规格为这匹马举行隆重的葬礼。大臣们纷纷劝他不要那样做，楚庄王发怒了，说："谁再劝我，我就让他给马陪葬。"

宫廷艺人优孟是个很有智慧的人，听说这件事后，他没有像其他大臣一样劝楚庄王，而是大哭着叩见楚庄王。楚庄王问他何事哭得那么伤心，他说："人们都知道大王把马看得比任何人都高贵。现在大王的马死了，用大臣的规格埋葬实在太轻了，应该用国君的规格。"

楚庄王问他该如何安排葬礼，他说："依我看，应该为马雕制一具美玉棺材，再调动大军，发动全城百姓，为马建造一座华丽的坟墓。到出丧那天，要让齐、赵、韩、魏的使节护送灵柩。然后，还要追封死去的马为万户侯，为它建造庄严的祠庙，让马的灵魂长年接受供奉。这样，天下人才会知道，大王您是真正爱马的。"

楚庄王顿时明白过来，并惭愧地说："我怎么能这样重马轻人呢？看来我的过错真是不小啊！"此后楚庄王便改变了原来爱马的方式，将马匹悉数交给将士们使用，这样马也被锻炼得矫健起来。

"此路不通"就换条路，这个方法不行就换个方法，千万不要在一棵树上吊死。一个成功的人，必然是一个善于思考的人，当他发现前面的道路走不通时，就应及时转换思路，改变方法，以退为进，寻找一条更加通畅的路。

生活中，谁都有前途漫漫、迷失方向的时候，有的人会陷入悲观的情绪中，一蹶不振，完全看不到前进的方向，而有的人却能很快走出泥沼，重新振作，找到前进的新道路。者的差别就在于其心理是否足够强大。

朋友们，事情困难并不可怕，可怕的是思维僵化顽固到底。方法行不通并不可怕，可怕的是行不通了还不去想别的方法。只要试一试，也许本来没有希望的事情，就有可能成功。所以，此路不通时，不要放弃，再试试别的路吧！

1. 不要死心眼

俗话说："条条大路通罗马。"有些时候，当你的目标以目前的条件无法实现时，不要死心眼，非得一条路走到黑，要学会适时拐个弯儿。事实上，很多时候，曲径往往通幽。当直径达不到时，拐个弯儿，你同样可以享受到阳光的温暖。

2. "穷则思变，变则通"

"穷则思变，变则通"我想大家都知道这个道理。俗话说"兵来将挡，水来土淹。"学会变通，学会有策略，什么都会迎刃而解。处在"山穷水尽疑无路"时，切莫彷徨，畏缩，不妨另辟蹊径，从没有路的地方走出一条路来。

3. 换个角度看问题

我们在生活中可能也常会陷入一种看似"山穷水尽"的地步，但只要你跳出事情本身，换个角度想一想，看一看，也许会有"柳暗花明又一村"的惊喜。正如一位哲人所说，人生正如上山，面对悬崖峭壁，何不转而从另一面山坡上山呢？

心理悄悄话

他人在变，生活在变，社会在变，世间万物在瞬息间悄悄变化、成长，固执的你难道不应该有一种改变自己的想法吗？如果不懂得变通，那么你就很难适应这个"变"的世界。善于变通的人，不会一条道走到黑，他们懂得什么是多样化的选择，他们善于挖掘新机遇，并且能够采取行动以抓住机会，其实，我们每个人都应该掌握变通的智慧。

简单生活，其实可以过得很幸福

诗人汪国真说："人生是公平的，你要活得随意些，你就只能活得平凡些；你要活得辉煌些，你就只能活得痛苦些；你要活得长久些，你就只能活得简单些。"简单生活，是一种智慧，也是一种人生境界。其实，人世间的关系根本没有那么复杂，只是因为有了利益，才出现了后面的你争我抢，勾心斗角；纷繁的尘世其实也很简单，由于每个人都想要得太多才有了恩恩怨怨、聚散离合。

有一个女孩叫杜晓，在一家互联网公司上班，今年29岁，也到了谈婚论嫁的年龄。在与朋友的聚会过程中认识了一位单身男士谭林。谭林对杜晓一见钟情，交往了一段时间后便表达了自己对杜晓的好感。谭林是一家服装公司的经理，年薪30万左右，有房有车，条件相对来说已经非常不错了。

杜晓的好朋友见谭林对杜晓有好感，两人也比较般配，就劝杜晓说："晓晓，你都快30岁了，别再磨叽了，谭林这个人人品不错，条件又好，打着灯笼都难找，他对你又挺喜欢的，差不多就得了，相处一段时间就结婚吧！"

可杜晓觉得，一方面，谭林虽然说喜欢自己，愿意和自己白头偕老，但还是爱自己不够深，需要再考察考察；另一方面，杜晓觉得可能会遇到更好的，所以想再等等。终于，有一次情人节，谭林为杜晓买了一大把玫瑰，还给她买了一套高档护肤品，杜晓这才觉得谭林是爱自己的，但她又想，谭林表达爱的方式还不够浪漫，她要等待谭林浪漫的求爱仪式。就这样，杜晓一直没有结婚，犹豫、挣扎、彷徨着同时也期待着谭林更多的爱。

谭林在向杜晓表达了自己的爱意后，杜晓一直没有答应，谭林想可能是杜晓不喜欢自己吧。毕竟自己也30岁了，不能再拖下去了。于是，在一次父母安排的相亲中，谭林和另一位女孩走在了一起并很快结了婚，而且生活得非常幸福。

几年之后，杜晓已经30多岁了，但仍然没有结婚，在与好朋友的一次谈心中，她抱头痛哭，在数尽谭林的种种不是后，她悔断肠，后悔不已……

其实，生活可以很简单，简简单单的更是一种幸福。杜晓和谭林的爱情惨淡收场，主要是因为她把生活看得太复杂，她对生活过于挑剔。如果她当时懂得珍惜，懂得满足，少一点苛求，那么，杜晓就可以与谭林幸福地生活下去了。

生活未必都要轰轰烈烈，其实简单的生活没什么不好。生活在简单中自有简单的美好，这是生活在喧嚣中的人所体会不到的。不用再勾心斗角，不用再逢迎讨好别人，不用整天做一些违心的事、说一些违心的话，能随心所欲地生活，不是人生最大的乐事吗？

世界是否复杂，其决定性因素往往不是事物原本的样子，而是一个人以什么样的心境去看待。简单，是一种大智若愚的生活智慧，是经历人生冗杂后凝就的精髓，更是一种面向成功的行为方式。

如果你想让生活简单化，如果你想在简单中享受美好，那就记住以下几点吧：

1. 不要总有羡慕嫉妒恨的心理

别人的样子长得好，别人的伴侣脾气好，别人的汽车更豪华，别人的父母更有权势，别人的工作更轻松，世上有的是在权属上不归你的好东西，那又怎么样呢？难道有谁可以占有一切吗？

2. 选择自己喜欢的生活方式

"复杂"的反义词是"简单"，简单的生活就是抛弃眼前纷繁复杂的一切，去做自己喜欢的事情。最终，不管选择哪种生活方式，我们都能拥有属于自己单纯的空间，从而感受到心神轻松，充分享受和发现生活中的美丽与魅力。

3. 充分认识简单的意义

简单生活并不简单，过着一种简单的生活并不是指四大皆空、无欲无求，而是随心所欲、信手拈来、潇洒自如。这是一种极其积极的心态，任何一个复杂的问题都可以化简为一个个简单的小问题，任何一种光鲜亮丽的生活都需要一个个简单的细节支撑，这就是简单的艺术。

心理悄悄话

有人说巨大的生活压力是让我们变得越来越不淡定的罪魁祸首，但其实，罪魁祸首是我们那颗浮躁和焦灼的心，是我们越来越大的欲望。趁着年轻，要懂得享受生活，不要等年老时追悔不及。

参考文献

[1]苏拉. 一分钟，掌控心情的情绪微心理[M]. 北京：电子工业出版社，
   2013.

[2]陈玮. 别让情绪失控害了你[M]. 北京：中华工商联合出版社，2014.

[3]龙柒. 情绪操控术:走出困境的心理策略[M]. 北京：新世界出版社，2011.

[4]冯国涛. 破解你的情绪密码:做自己的心理医生[M]. 北京：中国华侨出版
   社，2012.